錢賓四先生學術文化講座

中國古代科學

李約瑟 著
李　彥 譯

中 文 大 學 出 版 社

《中國古代科學》（重排本）
　李約瑟 著
　李彦 譯

國際統一書號（ISBN）：978-962-996-568-6

出版：中文大學出版社
　　　香港 新界 沙田．香港中文大學
　　　傳真：+852 2603 7355
　　　電郵：cup@cuhk.edu.hk
　　　網址：www.chineseupress.com

Science in Traditional China: A Comparative Perspective (New Typeset Edition, in Chinese)
　By Joseph Needham
　Translated by Li Yan

ISBN: 978-962-996-568-6

Published by The Chinese University Press
　　The Chinese University of Hong Kong
　　Sha Tin, N.T., Hong Kong
　　Fax: +852 2603 7355
　　E-mail: cup@cuhk.edu.hk
　　Website: www.chineseupress.com

Printed in Hong Kong

目 錄

插 圖

簡 表

錢賓四先生學術文化講座系列
總序

金耀基

今年是香港中文大學新亞書院創校六十周年，新亞書院之出現於海隅香江，實是中國文化一大因緣之事。1949年，幾個流亡的讀書人，有感於中國文化風雨飄搖，不絕如縷，遂有承繼中華傳統、發揚中國文化之大願，緣此而有新亞書院之誕生。老師宿儒雖顛沛困頓而著述不停，師生相濡以沫，絃歌不輟而文風蔚然，新亞卒成為海內外中國文化之重鎮。1963年，香港中文大學成立，新亞與崇基、聯合成為中大三成員書院。中文大學以「結合傳統與現代；融會中國與西方」為願景。新亞為中國文化立命的事業，因而有了一更堅強的制度性基礎。1977年，我有緣出任新亞書院院長，總覺新亞未來之發展，途有多趨，但歸根結底，總以激揚學術風氣、樹立文化風格為首要。因此，我與新亞同仁決意推動一些長期性的學術文化計劃，其中以設立與中國文化特別有關之「學術講座」為重要目標。我對新亞的學術講座提出了如下的構想：

「新亞學術講座」擬設為一永久之制度。此講座由「新亞學術基金」專款設立，每年用其孳息邀請中外傑出學人來院作一系列之公開演講，為期二週至一個月，年復一年，賡續無斷，與新亞同壽。「學術講座」主要之意義有四：在此「講座」制度下，每年有傑出之學人川流來書院講學，不但可擴大同學之視野，本院同仁亦得與世界各地學人切磋學問，析理辯難，交流無礙，以發揚學術之世界精神。此其一。講座之講者固為學有專精之學人，但講座之論題則儘量求其契扣關乎學術文化、社會、人生根源之大問題，超越專業學科之狹隘界限，深入淺出。此不但可觸引廣泛之回應，更可豐富新亞通識教育之內涵。此其二。講座採公開演講方式，對外界開放。我人相信大學應與現實世界保有一距離，以維護大學追求真理之客觀精神，但距離非隔離，學術亦正用以濟世。講座之向外開放，要在增加大學與社會之聯繫與感通。此其三。講座之系列演講，當予以整理出版，以廣流傳，並儘可能以中英文出版，蓋所以溝通中西文化，增加中外學人意見之交流也。此其四。

新亞書院第一個成立的學術講座是「錢賓四先生學術文化講座」。此講座以錢賓四先生命名，其理甚明。錢穆賓四先生為新亞書院創辦人，一也。賓四先生為成就卓越之學人，二也。新亞對賓四先生創校之功德及學術之貢獻，實有最深之感念也。1978年，講座成立，我們即邀請講座以他命名的賓四先生為第一次講座之講者。83歲之齡的錢先生緣於對新亞之深情，慨然允諾。他還稱許新亞之設立學術講座，是「一偉大之構想」，認為此一講座「按期有人來賡續此講座，焉知不蔚成巨觀，乃與新亞同躋於日新又新，而有其無量之前途」。翌年，錢先生雖困於黃斑變性症眼疾，不良於行，然仍踐諾不改，在夫人胡美琦女士陪同下，自台灣越洋來港，重踏上闊別多年的新亞講堂。先生開講的第一日，慕其人樂其道者，蜂擁而至，學生、校友、香港市民千餘人，成為一時之文化盛會。在院長任內，我有幸逐年親迎英國劍橋大學的李約瑟博士、日本京都大學的小川環樹教授、美國哥倫比亞大學的狄百瑞教授，和中國北京大學的朱光潛先生，這幾位在中國文化研究上有世界聲譽的學人的演講，在新亞，在中大，在香港都是一次次文化的盛宴。1985年，我卸下院長職責，利用大學給我的長假，到德國海德堡做訪問教授，遠行之前，職責所在，我還是用了一些筆墨勸動了哈佛大學的楊聯陞教授來新亞做85年度講座的講者。這位自嘲為「雜家」、被漢學界奉為「宗匠」的史學家，在新亞先後三次演講中，對中國文化中「報」、「保」、「包」三個鑰辭作了淵淵入微的精彩闡析，從我的繼任林聰標院長信中知道楊先生的一系列演講固然圓滿成功，而許多活動，更是多采多姿。聯陞先生給我的信中，也表示他與夫人的香港之行十分愉快，還囑我為他的講演集寫一跋。這可說是我個人與「錢賓四先生學術文化講座」畫下愉快的句點。此後，林聰標院長、梁秉中院長和現任的黃乃正院長，都親力親為，年復一年，把這個講座辦得有聲有色。自楊聯陞教授之後，賡續來新亞的講座講者有余英時、劉廣京、杜維明、許倬雲、嚴耕望、墨子刻、張灝、湯一介、孟旦、方聞、劉述先、王蒙、柳存仁、安樂哲、屈志仁諸位先生。看到這許多來自世界各地的傑出學者，不禁使人相信，東海，南海，西海，北海，莫不有對中國文化抱持與新亞同一情志者。新亞「錢賓四先生學術文化講座」的許多講者，他們一生都在從事發揚中國文化的事業，或者用李約瑟博士的話，他們是向同代人和後代人為中國文化做「佈道」的工作。李約瑟博士說：「假若何時我們像律師辯護一樣有傾向性地寫作，或者何時過於強調中國文化貢獻，那就是在刻意找回平衡，以彌補以往極端否定它的這種過失。我們力圖挽回長期以來的不公與誤解。」的確，百年來，中國文化屢屢受到不公的對待，甚焉者，如在文化大革命中，中國傳統的文化價值，且遭到「極端否定」的命運。正因此，新亞的錢賓四先生，終其生，志力所在，都在為中國文化招魂，為往聖繼絕學，而「錢賓四先生學術文化講座」之設立，亦正是希望通過講座講者之積學專識，從不同領域，不同層面，對中國文化闡析發揮，以彰顯中國文化千門萬戶之豐貌。

「錢賓四先生學術文化講座」講者的演講，自首講以來，凡有書稿者，悉由香港中文大學出版社印行單行本，如有中、英文書稿者，則由中文大學出版社與其他出版社，如哈佛大學出版社、哥倫比亞大學出版社，聯同出版。三十年來，已陸續出版了不少本講演集，也累積了許多聲譽。日前，中文大學出版社社長甘琦女士向我表示，講座的有些書，早已絕版，欲求者已不可得，故出版社有意把「講座」的一個個單行本，以叢書形式再版問世，如此則蒐集方便，影響亦會擴大，並盼我為叢書作一總序。我很讚賞甘社長這個想法，更思及「講座」與我的一段緣分，遂欣然從命。而我寫此序之時，頓覺時光倒流，重回到七、八十年代的新亞，我不禁憶起當年接迎「錢賓四先生學術文化講座」的幾位前輩先生，而今狄百瑞教授垂垂老去，已是西方新儒學的魯殿靈光。錢賓四、李約瑟、小川環樹、朱光潛諸先生則都已離世仙去，但我不能忘記他們的講堂風采，不能忘記他們對中國文化的溫情與敬意。他們的講演集都已成為新亞書院傳世的文化財了。

2009年6月22日

序言

梁秉中

李約瑟的巨著《中國之科學與文明》，把我國古代科學發展的事實，介紹到西方社會。我國的古老文化，給人的印象，免不了守舊、遠離科學的落後形象，否則便沒有八十年前五四運動呼喚的「德先生」和「賽先生」。經李約瑟的考據、研究，用西方學者研究歷史的觀點和治學方法，發掘出我國古代文明中科學的發明。他對中國文化有深厚認識，把考據和著作帶進了一個外國學者不容易抵達的深度。我們習慣閱讀的歷史史實，是對發生過的活動的詳細描述。李約瑟同時細說當時社會環境、文化氣候、鄰邦的影響等。

本書屬於李約瑟研究中國之科學與文明的後期著作，原稿出自他榮任新亞書院第二屆「錢賓四先生學術文化講座」訪問教授期中的演講，精簡地介紹了他研究中國傳統醫學的心得。醫學既屬於科學的一部分，李約瑟自然須把我國的科技發展歷史，先作一個簡單的論述。第一章「導論」，屬於李先生《中國之科學與文明》

已出版的部分著作選論，提出了我國科技發明、發展的先進特色，而結果未有循西方科學進展的軌跡的重要觀察。傳統醫學是否享有同等的命運呢？中國人雖在各科學領域中，享有卓越的成就，但未能匯入當代科學的海洋之中，傳統醫學似亦相同。

中國醫學的萌芽，與煉丹製藥分不開。而我國的火藥發明和火器的應用，正是促進煉丹房建立的決定性因素。在墨子時代，已有使用火器的記載。到九世紀，火藥的應用已臻完善。西方化學被認為源於煉丹術，範圍由個人使用、化學製作，以至出產貴重金屬。我國的煉丹術，熱衷於長壽法。從很早期開始，傳統醫學的重點，在延年益壽，預防疾病。

針灸術始自公元前一千年的周朝，屬於最古老的傳統治療方法。李約瑟考證出針刺治療的理論和實踐的成熟期，要到中世紀時代：從鎮痛的應用，以至其他治療領域。他從典籍中有關針刺治療的記載，開始考據，使用西方科學的推論方法，支持針灸術確有其實踐理論和客觀成績，反駁了針灸術屬於心理治療的指控。李約瑟並非醫者，他只能用生理學家的觀點去分析，缺乏醫者的臨床意識。然而，就因為他並非醫者，可以避開了醫者依靠科學的執著，較宏觀地分析傳統療法。李約瑟預測，針刺之後產生的生物化學、免疫系統變化，最終將要顯現。

正當中醫藥地位在香港獲得承認，政府又謀求發展中藥製作出產，把中藥納入經濟建設範圍之際，李約瑟有關中醫藥的研究著作，正好為學術界提供適當的文化理據，作為從事中醫藥研究、服務或貿易的基礎。中西兩個相差甚遠的文化系統之中，包含了不同取向的兩種醫學，現代人既不適宜盲目結合相加；相反，若採取敵視、敵對的狹窄態度，亦錯失包容兼顧、互補不足的大好機會。在世紀相交的歲月之中，我們感謝李約瑟送給我們這份珍貴禮物。

1999年5月25日

前言

李約瑟

本書中各篇文章是我在香港中文大學新亞書院舉辦的第二屆「錢賓四先生學術文化講座」上講演的原稿。對那次訪問中的點點滴滴，我依然記憶猶新：諸如學術同仁的盛情款待、學生們的聰慧與求知熱情、沙田校園內外與眾不同的美景，以及如此切實地體會一座不凡的中國城市給我帶來無時不在的震撼，都讓我難以忘懷。我期待這些講稿中揭示的史實能夠幫助東西方讀者更公允地評價中國文化領域中科學、技術與醫藥學在人類歷史上的地位。

四十三年前我開始致力研究中國的語言和文化，當時我並不了解自己的研究是否有用。如今《中國之科學與文明》(*Science and Civilisation in China*)叢書的許多卷冊已經出版，但仍有更多作品尚未完稿，有待出版。我們把這些稿件分為「天上」與「地上」兩部分。前者即原創方案，是我們認真而愉快地漫步於科學領域時制定的整體性方案。當時無法判定的是，針對不同科學形式，即純科學與應用科學，應當分別投入多大力量；正因如此，某些「天上」的書籍才有必要分成幾大類出版。它們實際上都是「地上」的有形書籍。如今已有十一冊作品或已付梓，或行將出版，餘下還有八、九冊尚未完工〔編者按：該叢書迄今已出版7卷27冊〕。我已是八十一歲的人了，通常我們會說如果可以幹到九十歲，我將至少有半數機會親眼目睹這條巨輪駛入終點港灣。我很高興告訴大家，今後即將出版的許多卷冊現已草成，只是仍有許多地方需要編輯、潤色。除此以外，我們在世界各地擁有大約二十幾位合作者，他們共同努力取得的成就遠非一兩個人可以互相媲美。

在此我必須說明，沒有中國朋友們的鼎力合作，我們將無法取得任何進展。以我看來，無論中國人或是西方人，都無法單獨完成這項事業——其專業知識與技能要求實在過於巨大了。因此我要紀念以下這些人士，頭一位是我的中國老朋友魯桂珍，她在劍橋大學東亞科學史圖書館任副館長；第二位是我第一位合作者王靜寧先生，在卡尤斯學院(Caius College)那間狹小的工作室裏，他與我共同工作了九個春秋。此外還有許多人的名字應當提及，如先後在新加坡、吉隆坡、布里斯班和香港工作過的何丙郁先生，加利福尼亞的羅榮邦先生，紐約的黃仁宇先生，芝加哥的錢存訓先生，以及最近加入的屈志仁先生，他主要研究陶瓷工藝部分。我無法一一列舉每個人的名字，其中也並非全是中國人。

歐洲合作者中我想提一下牛津和沙撈越的肯尼思·魯賓遜(Kenneth Robinson)先生,波蘭的詹紐茲·奇米列夫斯基(Janusz Chmielewski)先生,以及法國的喬治斯·默泰利(Georges Metailié)先生。此外大西洋彼岸還有在費城工作的內森·西文(Nathan Sivin)先生,哈佛的羅賓·耶茨(Robin Yates)先生,以及多倫多的厄休拉·富蘭克林(Ursula Franklin)女士。就如實際情況所示,我們構成了一個引人注目的跨國際群體,事實本身已然預示着我們將擁有美好的前景。因為無論還有其他甚麼工作要做,這項事業都無可置疑應當視作增進各民族相互了解的嘗試,因而也成為通向世界和平友好之途的重要階梯。

回首四十年前,那時我在聯合國教科文組織工作,習慣在晚上沐浴時閱讀《左傳》。當時只有古典作品可供研究,這一記憶讓我銘記至今。通過這種閱讀,我牢牢記住了上一個世紀和本世紀上半葉那些偉大的漢學家們的著作,諸如查萬尼斯(Édouard Chavannes)、考爾弗(Séraphin Couvreur)、佩利奧特(Paul Pelliot)、弗里德里希·希爾特(Friedrich Hirth)、奧托·弗朗克(Otto Franke)、賈爾斯(H. A. Giles)等人。與今天相比,那時學者所著的譯本為數太少了。那時我們把所有這類書籍都搜集起來,匯入圖書館,可是看看今天,差別何其巨大啊!我們的新書架在各種各樣的論文與專著的重負下呻吟不絕,如宋代水利工程研究、從漢朝到明朝的造船技術研究、中國傳統行醫道德等等，不一而足。我認為除非我們的確只是推動西方人更全面研究中國文化的歷史運動中的一部分，否則就以使有價值的作品得以流通而言，我們自己也稱得上有功之臣。然而中國在革命之後，國內研究也呈現出一派百花齊放的繁榮景象。西方考古學家們抱怨說，中國的考古學報告雪片般紛至沓來，把他們都埋在報告堆裏了。有關科技史、醫藥史等各方面的書籍紛紛出版，書中確有種種重大發現。回首往昔，我們曾是這一偉大潮流中的一部分，或許還是先鋒力量，為此我非常快樂。

最近，英國傑出的歷史學刊物《過去與現在》(*Past and Present*)的編輯們為我們的作品印製了叢刊。他們言道，為尋找投稿人而大費周張，因為西方世界裏在中文和科學史兩方面都有造詣的專家幾乎無不參加了我們這個群體；事實上他們的確從中發掘出筆力不凡的寫作人，如馬克·埃爾文(Mark Elvin)、威拉德·彼得遜(Willard Peterson)、烏爾里克·利布雷赫特(Ulrich Libbrecht)，以及克里斯多夫·格倫(Christopher Cullen)。就如學刊主席所說，人們對這份叢刊的評價褒貶不一，有人極之贊同，也有人吹毛求疵。不過，我還是對某些半苦半甜的評論興致極高。例如，有人把湯因比(Arnold Toynbee)和弗雷澤(James Frazer)作了一番比較，暗示有跡象表明我們的陳述中已經悄無聲息地潛入了某種主觀意識成分。無論如何，我樂於接受這一提示，因為我認為無論誰在進行如此浩繁的跨文化研究工作時，勢必遵循自己的思維方式，這是他向同代人和後人佈道的機會(我有意選用「佈道」這個說法)。假若何時我們像律師辯護一樣有傾向性地寫作，或者何時過於強調中國文化貢獻，那就是在刻意找回平衡，以彌補以往極端否定它的這種過失。我們力圖挽回長期以來的不公與誤解。

《中國之科學與文明》全書中有一冊的前言裏，我們留下了這樣的句子，如今讀來我仍然覺得有趣：「實質上，一段時間以前」，我們談道，「一位並未全然敵視這套珍貴書籍的評論家這樣寫道：該書根本上依據不足，原因如下。該書作者堅信(1)人類社會的進步令人類對自然界逐漸增進了解，並漸漸提高了對外部世界的控制能力；(2)這一科學具有崇高價值，隨着將它付諸實際應用，構成了各民族文明的統一體，不同文明對人類社會的貢獻勢均力敵……在這個統一體中有如江河之水源源不絕、奔流入海；(3)伴隨這一前進歷程，人類社會正逐漸演變成更為宏大的統一體、更為複雜的事物、更為不凡的組織。所有這些反面評價的根據，我們都視作自家論點，如果早先擁有一扇門的話，我們一定要把這些話釘在門上，絕不遲疑。」如今我可以坦言，這位評論家就是已故的亞瑟·賴特(Arthur Wright)先生。他確實堪稱諍友，只是他崇信佛教的超脫凡塵，對政治態度悲觀，促使他在世界觀方面與我們大相逕庭。

總而言之，這套叢書確已成為最激動人心的先行著作。我們從未奢求使它成為任何學科的「結束語」，因為在工藝領域，這種斷語絕無可能，即使今天依然如此。然而搜尋工作依舊時時動人心弦——認可某些思想意識；發現有些始料未及、本應預先考慮的事物名目甚為生疏；受到同行前輩出乎意料的歡迎，然後再對其作品大加仰慕；以及理解以往並未出土的發明和技術。這一切都那麼令人激動。人們會借用《道德經》上的話說，「大道廢」時，則「能」與「不能」便會無處不在。那時「完美」與「不完美」的差別也就顯而易見了。讓我們在未來世紀到來之前完成這一完美的平衡吧。我們所知的是，我們已然在科技、醫藥領域幸會中國以往二十五個世紀中的兄弟姐妹，儘管永遠無法與他們交談，我們還是可以時常讀到他們的作品，並尋求契機回饋應予的榮譽。

1981年1月21日

第一章　導　論

對生物化學的熱衷

我同意在今晚和大家談一談歷史事件中的某些相當奇妙的前因後果，由於發生了這些事件，我們最終出版了《中國之科學與文明》(*Science and Civilisation in China*)叢書。為此我們必須回溯到第一次世界大戰末期，當時我來到劍橋大學的卡尤斯學院(Caius College)，四十七年後我成為這片知識發祥地的院長。我父親是位內科醫生，並且是早期麻醉術專家之一，因此我注定該研究醫藥；然而最初入門的那幾年聽了「霍皮」("Hoppy")——也就是英國功績勳章獲得者、皇家學會會長弗雷德里克．高蘭德．霍普金斯爵士(Sir Frederick Gowland Hopkins)[1]——一番超凡入勝的講演之

1　弗雷德里克．高蘭德．霍普金斯爵士(公元1861–1947年)，英國生物化學之父，劍橋大學教授。

後，我已然身在曹營心在漢了。我們就如鐵屑吸附在磁石上一般，在他的指導下成為生物化學家。可以說，「霍皮」就是我們的生物化學之父。此外只有查理斯．辛格（Charles Singer）[2] 能讓我產生同樣的感受，而他或許堪稱本世紀上半葉最偉大的英國科學史專家了。

於是在霍皮指導下我成為生物化學家，對有機合成興致盎然；然後我發現雞蛋在孵化過程中絕不遜於一家出色的化工廠，它在孵化的三個星期中可以合成出相當多的產品。然而，我一方面該追尋胚胎發育過程中類似於環己六醇或者抗壞血酸之類的物質的形成，另一方面則須面對胚胎原始受精卵細胞發育過程的形態構成問題。恰恰由此，我開始沉溺於哲學問題的思考。就在這一年，《化學胚胎學》（*Chemical Embryology*）一書問世了，書中第一部分實驗顯示：水陸雙棲的胚胎內部的初期誘導（譯注：誘導[induction]乃生物學術語，指胚胎早期發育過程中一組織對鄰近組織的影響。）中心在沸騰狀態下保持不變。我稱之為「形態激素」（morphogenetic hormones），十年之後我據此出版了另一部著作《生物化學與形態學》（*Biochemistry and Morphogenesis*）。

2 查理斯．辛格，英國傑出的科學史和醫藥史專家。

由科學實踐到科學史研究

故此從某種意義上說，我自身就是歷史傳奇的一部分，幾乎可算是一部歷史劇目中的一個角色了。十分湊巧的是，我從學生時代就熱衷於歷史，僅僅投身於實驗科學從未令我感到滿足，於是，萌發了這樣的念頭：必須為《化學胚胎學》作一篇長篇序言，詳細介紹胚胎學自創始以來的全部歷史，就我所知應追溯到公元1800年。就在這一階段，又是查理斯．辛格給我以幫助，雖然實則我從未正式聽過他的講演，但想來還是可以這樣說：他堪稱我一生中唯一一位真正的科學史教師。雖然沒有聽過他的課，但我與他私交甚密，從他那裏獲得了各種各樣的有益建議，其中相當多是關於從哪裏才能找到素材。多少年裏我習慣於前往康沃爾郡海濱，在他家裏坐一坐，他的住所裏藏書量相當驚人，從地板一直堆到天花板。這樣，我在那一段時間裏著述的胚胎學歷史中格外介紹了化學胚胎學領域的幾位先驅者——這是理所當然的，例如生於公元1668年的沃爾特．尼達姆(Walter Needham)，[3] 他是我本家前輩，也是皇家學會(Royal Society)奠基者之一；又如托

[3] 沃爾特．尼達姆，十七世紀醫生和胚胎學家，皇家學會創始人之一。

馬斯・布朗爵士(Sir Thomas Browne),[4] 十七世紀時他在諾里奇市的實驗室裏試圖利用當時的化學方法探究蛋黃與蛋白的奧妙。因此歷史與科學實踐一直在我心中爭執不休,我無法決定究竟該把大部分時間放在哪一方面,直到公元1937年一種新型誘導現象出現,這番矛盾才告結束。我還應該補充的是對藝術與宗教的思考也一直令我難以取捨,只是這對問題從未如此突出罷了。

我提到的新型誘導現象是指那一年幾位年輕的中國研究工作者來到劍橋的事,他們是來進修博士學位的。應當說,這幾位朋友的作用集中體現在魯桂珍女士身上,四十二年後的今天,她成為我主要的合作者,並擔任我們的圖書館副館長。他們對我的影響主要有兩方面:其一,他們激勵我學習他們的語言;其二,是他們提出了這樣一個問題——為何當代科學只發源於歐洲?

談到語言問題,一個眾所周知的事實在於某種偶然條件下,西方人見到眩目的光亮也會暈倒,即如聖保羅就曾倒在通向大馬士革的路上;他們感到要學習這種語言就必須學習其卓越的文字,否則就會突然暈倒。或許後果並非如此驚人,但它在思想領域的效果確實值得關注,因為愈深刻了解這些中國來的朋友,我

---

[4] 托馬斯・布朗爵士(公元1605–1682年),英國著名醫生和醫學作家,作品包括《宗教醫學》(*Religio Medici*)。

就愈發感到他們的頭腦似乎與我更為相似，當然我所指的是在智力程度方面。一個尖鋭的問題由此而生：為甚麼當代科學、伽利略時代的「新哲學」或稱「實驗哲學」只產生於歐洲文化，而非中國文化或印度文化中呢？

研究中國科技史的幼苗萌芽

多年以後，有關這些問題我有了更多了解，這才意識到第一個問題背後還潛藏着另一個問題，即：早在歐洲科學革命之前大約十四個世紀，中國文明就已致力於探索自然界的眾多奧秘，並利用自然常識服務於人類生活，其成果遠遠高於歐洲文明。這一事實由何而來呢？

不過若非命運驅使我在第二次世界大戰期間來到重慶擔任英國大使館科學顧問之職，這「痘苗」永遠也發不起來（就像疫苗種得不成功一樣），在此問題上我不會有任何收穫。待在中國的四個年頭在我的命運之途上刻上了標記。此後，我腦海中只剩下編寫一部有關中國科技與醫藥發展史的書的念頭，以往這種想法在西方人意識中從未存在。我説的是「一部書」，最初構思時也確實只考慮出版一本薄薄的單行本，然而隨着歷史畫卷徐徐展開，史實注定此事有變。我們冒冒失失地着手工作，匆匆瀏覽了科學的各個領域後，將全套書分為七卷，並依據這一格局收集資料；然而工作之艱難、原始資料之浩繁意味着，實際上每一部分卷又須再分為幾大部分，於是最終這套著作總數很可能多達二十冊。

方一入手時，劍橋大學裏漢學專家朋友們都認定我根本無從找到任何有趣的東西；他們甚至懷疑中國文化在科技與醫藥方面是否曾為世界作出任何貢獻。劍橋當時的一位漢語教授古斯塔夫·哈勞恩（Gustav Haloun）[5] 曾經追隨偉大的漢學專家夏德（Friedrich Hirth），[6] 他曾滿懷渴望地談到實物問題，為理解文章必先了解實物——諸如犁、陶瓷器皿、造紙工具等等——不過實情不僅如此。

來到中國之後我方才發現，中國對本國特有文化中自身學科領域的發展歷史深懷興趣的科學家、醫生和工程師處處可見，他們隨時都樂於向我介紹應當購買並研究的最重要的中文書籍。於是一座真正的金礦的大門向我敞開了，那是本該令所有早期漢學家們驚詫的一片富饒土地。它的確令我瞠目，或許中國古代學者也與我有同感吧。

---

5 古斯塔夫·哈勞恩，漢語教授，從公元1938年起至1951年逝世期間始終在劍橋大學任教。

6 夏德，德國人，公元1900年前後活躍在知識界，曾就中國經濟和文化史著有多部作品。

廣結合作者

戰後我返回劍橋，歸國前我已贏得了第一位重要合作者，來自中國科學院歷史研究所的王靜寧。[7] 二十多年後，他前往澳洲就職某研究工作時，我又說服了交情最久的朋友魯桂珍離開聯合國教科文組織，和我一同加緊工作。假如我們人人都能活到一百五十歲，那麼人人都有希望獨立完成這一偉業；然而正因為不可能，於是我們吸納了許多合作者，他們分布在世界各地，迄今人數約二十幾人。在此我只能提及其中幾位：加利福尼亞的羅榮邦、[8] 芝加哥的錢存訓、[9] 多倫多的厄休拉．富蘭克林(Ursula Franklin)、[10] 紐約的黃仁宇、[11] 布里斯班的何丙郁，[12] 以及與我們相

---

7 王靜寧，澳洲國立大學中文系教授〔按：1994年辭世〕，參與《中國之科學與文明》叢書許多章節的編輯工作。

8 羅榮邦，加利福尼亞大學戴維斯分校歷史學教授〔按：1981年辭世〕，參與研究《中國之科學與文明》叢書中軍事技術、製鹽工業和深層鑽井等章節的編纂工作。

9 錢存訓，芝加哥大學榮譽教授〔按：2015年辭世，時為該校東亞語言及文化系榮譽教授、約瑟夫．雷根斯坦(Joseph Regenstein)圖書館東亞藏書部榮譽館長〕，參與研究《中國之科學與文明》叢書中造紙術與印刷術發展史的編纂工作。

10 厄休拉．富蘭克林，多倫多大學冶金學教授，參與研究《中國之科學與文明》叢書中非鐵冶金術歷史的編纂工作。

11 黃仁宇，曾任紐約州立大學東亞歷史學教授，參與研究《中國之科學與文明》叢書中經濟史和社會史的整理工作。

12 何丙郁，曾任布里斯班的格利飛斯大學中文教授，參與研究《中國之科學與文明》叢書中煉丹術、早期化學、藥物學，以及火藥製造歷史的整理工作。

距不遠的屈志仁[13]等等。或許今生我不能親眼見到最後一冊的校樣，但這一偉業的未來必然光明；此外我們還可以預言，劍橋大學魯賓遜學院(Robinson College)新近開闢的地基上將建起一座新樓，樓內將會照現有規模建成東亞科學史圖書館，因為現有圖書館非常需要新廈，魯桂珍將成為其中一員，而我將擔任受託人。

就某種程度而言，我們是這一領域的先行者。當然就在不久以前，中國與日本也湧現出偉大的數學史專家，如李儼、[14]錢寶琮[15]和三上義夫，[16]還有偉大的天文學史專家，如利奧波德・索緒爾(Leopold de Saussure)、[17]陳遵媯[18]和竺可禎[19]等人。至今還有人極力倡導道教、煉丹術以及早期化學，其中如陳國符、[20]王明[21]等

---

13 屈志仁，曾任香港中文大學藝術史高級講師〔按：現為紐約市大都會藝術博物館(The Metropolitan Museum of Art)榮休館長〕，參與研究《中國之科學與文明》叢書中製陶工藝史的整理工作。

14 李儼，中國數學史傑出史學家。

15 錢寶琮，中國數學史傑出史學家。

16 三上義夫，傑出史學家，著有《中日兩國數學發展史》一書。

17 利奧波德・索緒爾，法國海軍軍官，漢學家，主要作品有《中國天文學源流》(*Les Origines de l'Astronomie Chinoise*)。

18 陳遵媯，中國天文學史傑出史學家。

19 竺可禎，科學研究院前任副院長，涉獵廣泛，觸及天文學、氣候學史、氣象學、曆法學，以及中國當代科學遭受扼制的情況等。

20 陳國符，天津大學化學教授〔按：2000年辭世〕，道家著作和煉丹術發展史方面的權威人士。

21 王明，道家思想及其對科技發展影響方面的權威人士。

人還在世。研究植物學與農業歷史的專家也有人在，如夏緯瑛、[22] 石聲漢[23]和天野元之助。[24]談到傑出的醫藥學著述者，人們就會想起李濤[25]與陳邦賢。[26]工程技術史方面的研究相對較少，但胡道靜[27]深研沈括[28]著作《夢溪筆談》，取得了不朽成就，伯索德·勞佛 (Berthold Laufer)[29]則在應用科學方面許多令人迷醉的領域中佔一席位。

然而不知出於甚麼原因，我們的先輩從未感受到研究領域仍留有這一空白，又或者我應當稱之為一塊迷人的處女地。沒有人意識到應當把中國文化各朝各代的科學、技術和醫藥成就都匯集成冊，但有所知都收入百科全書，而後分時間階段與其同時代的古代歐洲、古伊斯蘭、古印度、古波斯等文明取得的成就相互對比。只有通過這種比較，才能判斷各文明之間是否曾彼此得益、

---

22 夏緯瑛，中國植物學史傑出史學家。

23 石聲漢，中國農業史傑出史學家。

24 天野元之助，日本傑出史學家，研究水利工程、農業技術、農業發展中的社會問題，著有農業研究專著。

25 李濤，醫學史傑出史學家。

26 陳邦賢，中醫學傑出史學家。

27 胡道靜，當代著名科學史學者，編校《夢溪筆談》一書。

28 沈括，一位對科學饒有興趣的官員，生於公元1030年，公元1086年著有《夢溪筆談》一書。

29 伯索德·勞佛（公元1874–1934年），德國傑出的漢學專家，著有多篇中國文化史論文。

彼此促進或彼此制約，這些都影響到各文明間的交流。例如在第五卷第四部分以及本次系列講座中稍後部分，我們希望將這樣一個事實昭示世人：服用靈丹妙藥希求長生不老的想法起源於中國，而且中國是唯一發源地，這一想法首先傳入阿拉伯，而後傳入拜占庭，最終在羅傑・培根(Roger Bacon)[30]時代才流入西歐或拉丁語國家，由此奠定了化學醫藥學運動的基礎。偉大的帕拉切爾蘇斯・霍亨海姆(Paracelsus von Hohenheim)[31]早在十五世紀末就已斷言「煉金術實則並非用來冶煉黃金，而是用來製藥醫病的」。他在那時就已成為李少君[32]和葛洪[33]的直系擁戴者，因為在他們看來，死亡一事乃病至極處，還是可以藥到病除的。

先驅者的孤立

任何一位先驅者在同輩中都難免陷入孤立無援之境，我們也絕無例外。東方研究院從未打算與我們多加往來，我以為主要原因在於通常這些院系成員多為人文學家、語文學家和語言學家。

---

30 羅傑・培根(公元1214–1294年)，關注科學發展的英國哲學家。

31 帕拉切爾蘇斯・霍亨海姆(公元1493–1541年)，瑞士醫生和最傑出的化學醫學派專家。

32 李少君，漢代煉丹師，約生活於公元前二世紀。

33 葛洪(公元280–350年)，晉朝學者，道家煉丹師。

以往這些專家沒有時間了解科學技術與醫藥方面的知識，而從今天開始他們又嫌太遲了。更有甚者，同樣一堵牆也把我們拒於科學史系門牆之外，這一現象何其怪異啊。這是因為通常而言，他們的主要興趣在於歐洲文藝復興之後的科學發展，部分原因在於他們對其他語種不得其門而入。他們有時也關注希臘科學，但對中世紀科學或阿拉伯科學很少垂顧。歐洲以外的科學發展是他們最不願聽到的，這多少是因為他們認為歐洲才是世界文化中心。他們想當然地認定既然獨樹一幟的當代科學只發源於歐洲，那麼古代與中世紀科學也只有歐洲的才值得關注。這話只是沒有明說罷了。思想開明的技術史專家中比如林恩．懷特（Lynn White）[34]曾再三向世人揭示這樣一個事實，即古代歐洲從古代東方國度受惠良多，東方的發現與發明大大有助於歐洲的發展。雖然諸如他這樣的專家作了大量努力，但是大多數西方知識分子卻仍懷有那種不合邏輯的觀點。

然而這個時代已經賦予我們很高的榮譽了，又何必埋怨太多呢。這些榮譽來自東方學家，來自建於加爾各答的皇家亞洲學會，人數之眾令人難以置信。科學史專家們還為我們的著作戴上

---

[34] 林恩．懷特，傑出的美籍技術史學專家，就中世紀時期宗教、社會變化與技術發展的相互作用著有專著。

了桂冠，那是與諸如雷奧那多·達芬奇(Leonardo da Vinci)、喬治·薩頓(George Sarton)[35]這樣的名字，與德克斯特動章[36]相提並論的榮譽。

那麼，歷史編纂工作為何在某些領域進展更為顯著呢？這就是編史工作的奧妙之一了。牽涉藝術時，各文明之間本不可按同一尺度衡量，故而無法發現當中進步的聯繫。我認為雕塑家費迪亞斯(Pheidias)[37]的技藝前無古人、後無來者，難覓敵手。杜甫、白居易是古往今來詩人中的矯矯者；歷史上劇作家中無人能與莎士比亞一爭高低；然而論及科技與醫藥，人類的知識與能力的確隨着時光的邁進有明顯提高。自有人類以來，自然界幾乎原形未動，並且我們堅信，自古至今，人類對自然界的了解有如史詩般突飛猛進。毋庸置疑，張衡[38]肯定比色諾克拉特(Xenocrates)[39]更熟知地震學；計時器方面蘇頌[40]必然勝過維特魯威(Vitruvius)；[41]以薩克·牛頓(Isaac Newton)的確對自然界洞察千里，但愛因斯

---

35 喬治·薩頓(公元1884–1956年)，卓越的美籍科學史專家。

36 德克斯特動章(Dexter Plaque)，化學史研究領域的動章。

37 費迪亞斯，公元前五世紀古希臘雕塑家。

38 張衡(公元78–139年)，漢代天文學及數學專家，發明了地震儀。

39 色諾克拉特(公元前395–314年)，希臘哲學家。

40 蘇頌(公元1020–1101年)，官吏兼天文學家，著有《新儀象法要》，論及水力推動的渾儀及天球儀，據其作品可知中國鐘表製造技術比歐洲早六百年。

41 維特魯威，公元前一世紀羅馬工程師，著有一篇建築學論文。

坦(Albert Einstein)比他研究得更為深入。因此，無論如何我們也無法接受奧斯瓦爾德·斯彭勒(Oswald Spengler)[42]的觀點，他認為各民族文明內部萬事俱備，與其他文明毫無關聯，就如一株草木，一隻動物，或一個人獨立地度過一生那樣經歷自我的興衰。這一理論或許適用於藝術風格，但說到宗教與哲學問題時它頂多稱得上部分正確，而談到科學、技術和醫藥領域就完全不合宜了。在此，我們相信人文學始終是沿一條縱線向前發展的，而且儘管自然科學的特定體系往往與某一民族息息相關，也因此無法翻譯到另一民族文化中去(這一論題稍後再談)，但是對自然界的真實理解與切實把握還是跨越了重重險阻，在人類頭腦中流傳下去，終於形成早期皇家學會口中的「真正的自然知識」體系。因此自然科學的進步是有一個過程的，其中也包括哲學思考。譬如，為了證實羅馬教令(Roman Decretals)[43]是偽造的文件，為了判定《赫爾墨斯書》(*Hermetic Books*)[44]的真實年代，以及為了確證《列子》一書的來源與年代，我們進行了大量研究，所有這些都堪稱真正永恆的知識進步。因而我們要祝願：科學蓬勃發展。

---

[42] 奧斯瓦爾德·斯彭勒，德國史學哲學家，著有《西方的衰落》(*The Decline of the West*)。

[43] 羅馬教令乃偽造文件，意在證實羅馬皇帝將權力臨時下放給教皇或拉丁主教。

[44] 《赫爾墨斯書》，古代亞歷山大時期的宗教著作。

中世紀科學

現在，為了比較當代科學與中世紀科學的重大差別，我覺得最好還是把這兩個概念解釋得更清晰一點。實際上中世紀科學與其民族外部環境密切相關，雖説不同環境中生活的人們並非全然不能找出事物推理的共同思想基礎，但真正找起來也是很困難的。例如，假使張衡向維特魯威大談陰陽五行，即使雙方理解對方的語言，他還是難以深入介紹。不過這並不是説具有重大社會意義的發明創造永遠無法從某一文明傳入另一文明；事實上縱貫中世紀歷史，確實有不少發明創造得以流傳。

當我們談到文藝復興時期伽利略時代和科技革命時期，只有歐洲孕育了當代科學的時候，我認為我們指的是唯有歐洲奠定了當代科學的最初根基。比如歐洲人將數學假想用於自然界研究，又如我們充分理解、充分利用實驗方法，區別第一性質和第二性質的異同，以及系統整理已公開出版的科學數據等。的確有人説過，在伽利略時代，若想發現自然界規律，最行之有效的方法就是發現這一發現規律的方法。依我看，這句話果然不錯。

古代中國的科學成就

然而，中國科學的滾滾洪流尚未像其他文化河流一樣匯入當代科學的海洋之前，中國人已然目睹了在各領域取得的卓越成就。且以數學為例：黃河流域早於世界各地就已開始使用十進位，並用空位（譯注：此處為數學專用術語。）表示零，於是出現了十進制計量法。早在公元前一世紀以前，中國工匠已然運用十進制刻度的游標卡尺來檢測自己的工作了。在中國數學領域，根深蒂固的始終是代數思維，而非幾何概念，[45] 宋元時代中國人就已率先找到了等式的解法，因此以布勒茲．帕斯卡（Blaise Pascal）[46] 的名字命名的三角，公元1300年時在中國已不是甚麼新鮮事物了。[47] 類似的例子俯拾皆是。被我們當作卡登懸置（Cardan suspension）的一連串繞樞軸旋轉的圓環（為紀念傑羅姆．卡登［Jerome Cardan］[48] 而得名）其實應當命名為丁緩[49] 懸置，因為中國

---

45 詳見《中國之科學與文明》叢書第三卷（1959年劍橋大學出版社出版），第十九章，尤其是頁112–146，以及頁23–24。

46 布勒茲．帕斯卡（公元1623–1662年），法國數學家、物理學家和道德專家。

47 同注45，頁133–137。

48 傑羅姆．卡登（公元1501–1576年），意大利數學家，在醫學和科學領域一些不傳之秘方面也有論著。

49 丁緩，發明家、機械師兼手藝人，約生活於公元180年。欲知卡登懸置或丁緩懸置的詳細內容，請參看《中國之科學與文明》第四卷第二部分（1965年劍橋大學出版社出版），頁228–236。

使用這種懸置的時間可比卡登生活的年代早了整整一千年。談到天文學，我們只須說明，在文藝復興時期以前沒有一位天文學家像中國的天文現象觀測者那樣執著而精確。儘管他們並未推出天文物理理論，他們還是懷有進步的宇宙論，能夠運用現代座標圖(而非希臘座標圖)一一標注天體位置，並記錄日月蝕、彗星、新星、流星、太陽黑子等等諸如此類的天文現象，直至今日射電天文學家們還在利用這些記載。此外中國人在天文觀測儀器方面也取得輝煌成就，發明了包括赤道儀和鐘表傳動裝置在內的許多儀器。這一進步與當時的中國工程師們的聰明才智密不可分。此前為了證明這一論點，我曾提到過地震儀，因為眾所周知，世界上第一台地震儀是由張衡製造的，其年代約可回溯到公元130年。

中國古代與中世紀時期，物理學中的三大分支學科已極度發達，它們分別是：光學、聲學與磁力學。西方在此方面與中國形成了鮮明對比，相對而言西方機械學與力學比較先進，但對磁力現象卻一無所知。不過中國與歐洲意見分歧最大的問題還是在於線的連續性與不連續性之爭。恰恰因為中國數學領域以代數研究為主，而不是幾何研究，所以中國物理學也嚴格恪守波的原型理論，[50] 長期不肯接受原子理論。毫無疑問，佛教哲學家們不斷地

---

[50] 參看《中國之科學與文明》第四卷第一部分(1962年出版)，頁9–10。

努力把維塞希卡 (Vaiśeṣhika) 的原子理論引入中國，只是一直沒人肯聽。中國人堅信宇宙萬物都受到陰陽波狀變換在遠處的作用而呈循環往復的運動狀態。

中國的周朝和漢朝與古希臘隸屬同一時期，這兩個朝代或許未曾達到古希臘文明那樣的水平，但在後來的千百年裏，中國也從未有哪一段時期堪與歐洲的黑暗時代相提並論。這一點已然彌足珍貴。地質學與製圖學方面的成就可以證明這是事實。中國人對圓盤狀的宇宙圖非常了解，但從來不為已有的天體圖所左右。張衡與裴秀[51]首先繪製了大量天體圖，而幾乎與他們同時代的托勒密 (Claudius Ptolemy)[52]死後不久，西方人就已漸漸淡忘了他的成就。此外，直至十七世紀耶穌會會士來華之前，中國人製圖時始終使用矩形座標。中國地理學家們在勘測方法與繪製凸版地圖方面的技藝也格外卓越。

中國古代文化遺產中，機械工程領域的輝煌成就數不勝數，事實上整個工程學領域中都可以說成績斐然。騾馬的挽具是一種必不可少的連動裝置，而現有的兩種有利用價值的挽具都起源於中國。約在公元一世紀或公元前一世紀，中國與西方幾乎同時把

51　裴秀（公元229–271年），中國著名的製圖學家和地理學家。

52　托勒密，亞歷山大大帝時期的天文學家，生活於公元二世紀，他在天文與地理學方面發表的著作影響了西方人此後十二個世紀的思想方式。

水力應用於工業生產，但中國人不是用水力磨麥，而是在冶金時用來拉動風箱。這一作法的意義不僅於此，因為中國鋼鐵工業技術的發展堪稱一篇名副其實的壯麗史詩，其後大約度過了十五個世紀，歐洲人才掌握了鋼鐵冶煉鑄造技術。鐘表的機械裝置也並不像通常所知那樣發源於歐洲文藝復興早期，而是中國唐代開始的，儘管當時東亞文明以農業為核心。土木工程方面成果也卓著，其中懸空鐵索橋，以及史上第一座弓型拱橋，即指李春[53]在公元610年修築的那一座，最為引人注目。中國的水利工程同樣業績非凡，其目的在於控制河道，保持河流暢通，預防水旱災害，保障農業灌溉，以及運輸官糧等等。

軍備技術方面，中國人也展示出驕人的創造才能。公元九世紀，火藥在中國問世了，於是從公元1000年開始爆炸型武器逐步取得了蓬勃發展。直至三百年後，西方才了解火藥。歐洲出現的第一門大炮始見於手稿記載中公元1327年的射石炮，該手稿現存於牛津大學圖書館；而回顧三個世紀以前，中國早已使用這種武器了。如今我們已經知道，上自火藥配方，下至利用火藥作推動力的鋼鑄大炮，這一發展中的每一環節都是在中國大地上取得成功之後才流傳到阿拉伯或是歐洲大陸的。據我們所知，火槍發明於十世紀

[53] 李春，第一位利用拱形設計建橋的橋樑築造師，約生活於公元600年前後。

中葉，它或許可以算是最具關鍵意義的發明創造了。它的構造是一枝竹杆，內部裝有火箭發射裝置，應用於近距離交戰。毫無疑問，正是在這種武器基礎上才演變出各種火箭、各種筒式槍炮和火炮，無論是用哪種材料構造而成，其原理都是一樣的。

軍事技術暫放一邊，我們來談一談民用技術，這又是一個具有重要價值的領域。尤其絲織技術，中國百姓很早就取得了卓越成就。恐怕正是由於熟練掌握了超長纖維的紡織技術，才有了後來幾種基本機械的發明，比如傳送帶和鏈傳動系統的初期設計，無論哪個文明中最先創造出這些裝置，都必先掌握這種技術。我們還可以說，第一次研製出旋轉運動與縱向運動相互轉換的標準方式[54]與前文曾提到的冶金鼓風機也是密不可分的；歐洲早期蒸氣發動機廣泛應用了這種運動轉換方式。如果有人更迷戀精闢的措辭，那麼談到磁力學和指南針的時候，我本該提及早在歐洲人對磁極之說尚且聞所未聞以前，中國人就已經為磁偏角問題大傷腦筋了(為甚麼磁針總是不能指向正北方向呢？)。

在中國生物學領域，我們也難以發現任何落後的跡象，因為中國很早以前就研製了大量農業發明創造。中國擁有農業書籍，

54 詳見《中國之科學與文明》第四卷第二部分，頁119–126。

可以與幾乎同時代問世的瓦羅(Marcus Terentius Varro)[55]和哥倫麥拉(Locius Junius Moderatus Columella)[56]的羅馬農業專著相媲美；歷史上也可以找到生物法農作物防護方面的顯著例證。不知道有多少人真正了解，首例以蟲攻蟲，農人獲益的例子就出現在中國：《南方草木狀》一書大約著於公元340年，書中就記載着種植橘林的廣東和南方諸省農民每到年中適當時候，就到市集上購買小袋裝的特種螞蟻，再將布袋懸掛在果樹上，然後各種蟎蟲、蜘蛛和其他害蟲就都被這些螞蟻趕盡殺絕了。若非如此，這些害蟲就會毀掉橘樹收成。事實上，今日中國發生了許多大事，都與生物法農作物保護相關。不久前一位該領域的專家來到劍橋與我們會面，當時我們就從書架上抽出《南方草木狀》，向她介紹她的祖先曾作出怎樣的貢獻。

同樣，醫藥學領域的事想在一兩分鐘內說清辨明也是荒謬的，因為一談起中國醫藥史，就不可能只說上一兩個小時，而是無數個小時。各朝各代的中國人都對這一領域懷有濃厚興趣，同時，這一學科的專業人才遵循的醫藥原則大異於歐洲醫藥原則，只是較之其他情況程度更甚罷了。我想舉這樣一個例子即可證

[55] 瓦羅(公元前116年–前27年)，一位博學多才的羅馬多產作家，尤以農業專著見稱。

[56] 哥倫麥拉，公元一世紀的羅馬農業作家。

明：中國人對礦物藥品毫無成見，可是在西方人眼中用它治病卻如此觸目驚心。中國人毋須用帕拉切爾蘇斯（Paracelsus）來喚醒蓋倫之夢（Galenical slumbers），因為他們從未陷入蓋倫理論中沉睡不醒；換言之，遠古時代的《本草綱目》（一部製藥學著作）中就已記載了礦物、動物以及植物藥品的療法。歐洲從未有過類似記錄，因為蓋倫（Galen）[57] 格外重視的是植物藥品，故此人們對使用礦物或是動物治療深感恐懼。當然還應該談及針灸學的發展，本次系列講座中稍後將專門討論這一話題。

中國與歐洲的思想差別

現在我將深入討論中國與歐洲之間的天淵之別，我很想強調說明：中國哲學本源屬於有機唯物主義哲學。從每一時代的哲學家和科學思想家發表的聲明都可以找到例證。中國哲學思想從不以超自然的理想主義為主，至於機械主義世界觀甚至從未存在。中國的思想家普遍贊同機體論觀點，即每一現象都遵循其等級次序與其他現象相互關聯。可能正是這種自然哲學的某些論點推動了中國科學思考的進步。例如，如果你早已堅信宇宙自身也是一

---

[57] 蓋倫，著名的古希臘內科醫生，曾在羅馬軍前效力。他與希波克拉底共同影響西方醫學長達一千五百年。

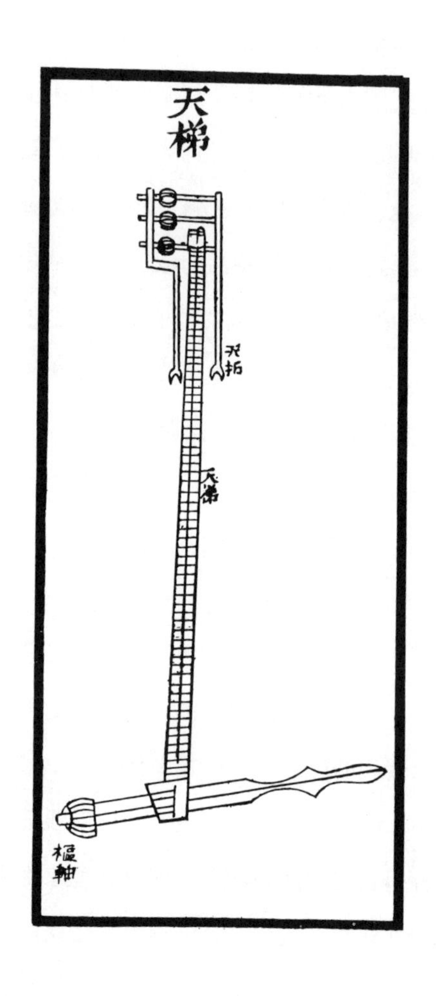

圖一： 蘇頌所製渾儀(天文鐘)的局部圖，為史上最早的鏈條傳動裝置，摘自《新儀象法要》(公元1094年)

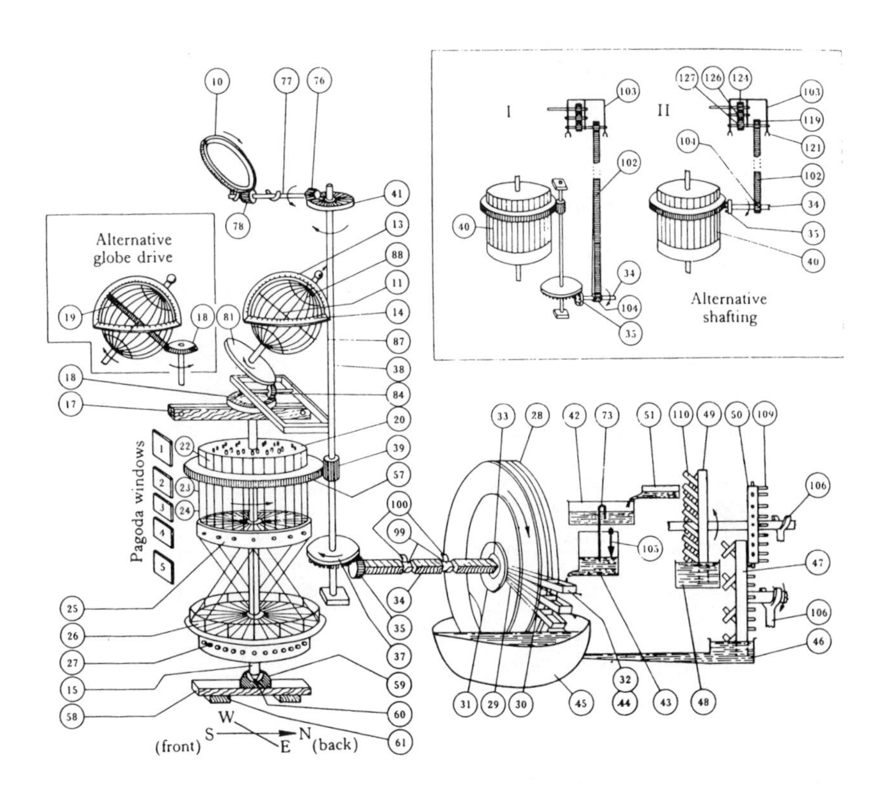

圖二： 蘇頌所製渾儀的結構圖，公元1088年建於開封。詳見《中國之科學與文明》叢書第四卷，第二部分，圖652a

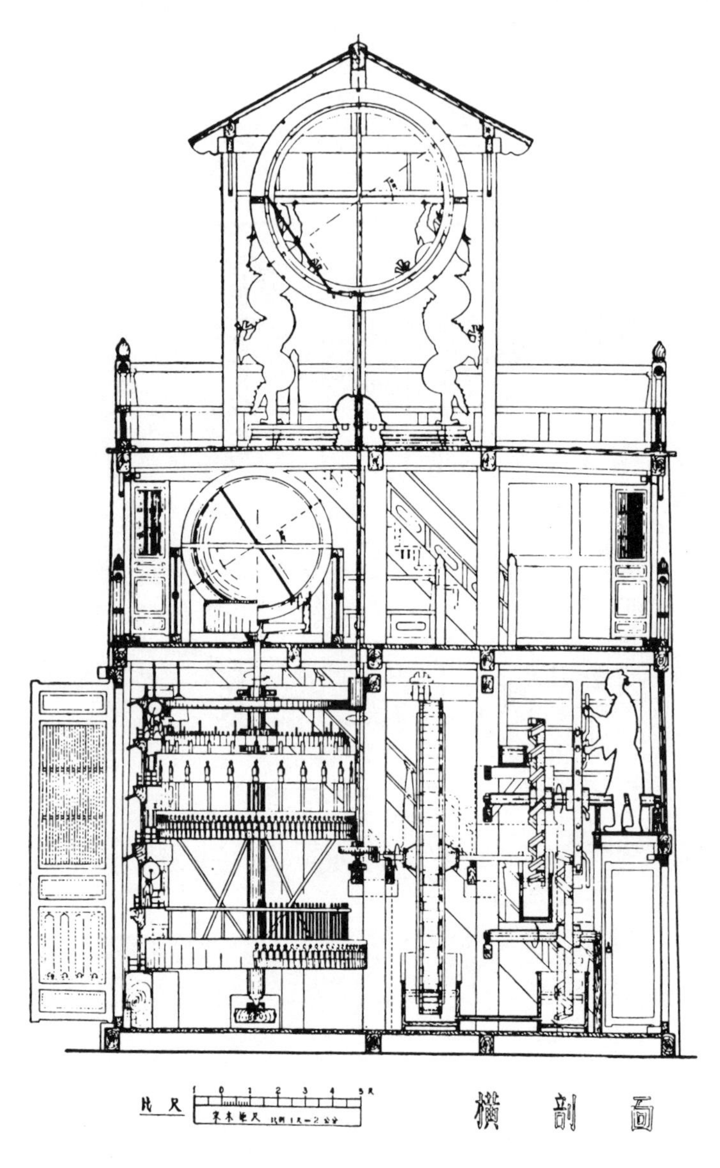

圖三： 水運儀象台復原圖，公元1088年建於開封；此圖「揭開了我國天文鐘的秘密」（摘自《文物藏考詞寥》，1958年9月）

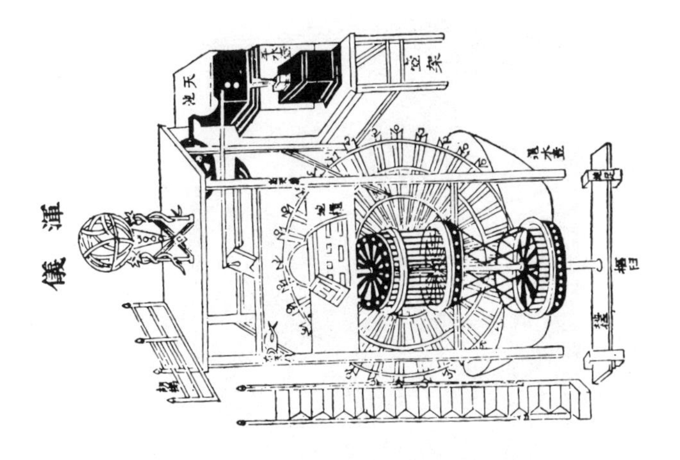

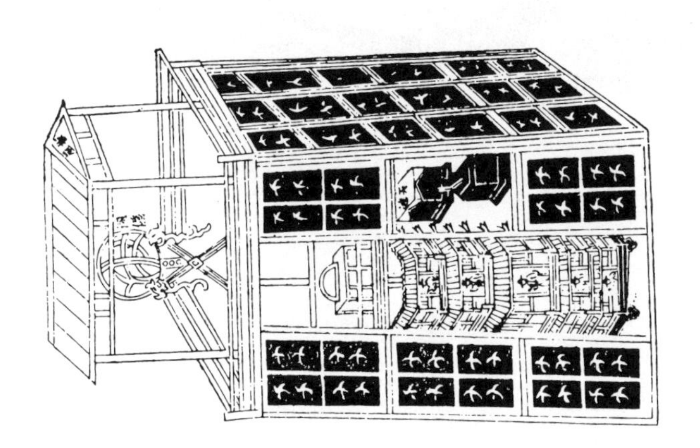

圖四：蘇頌所製水運儀象台，原圖摘自《新儀象法要》

圖五： 水運儀象台復原圖，此圖由約翰·克利斯汀森 (John Christiansen) 繪製

圖六： 蘇頌的水運儀象台模型，由約翰．康姆布利茲(John Combridge)製作，現存倫敦南肯星頓區科學博物館內

個有機整體，那麼就不會詫異磁石指北、指向北極星(或曰北辰星)、指向北極的現象了。換言之，中國人是一群喜好把理論投入實踐的先行軍，這一事實足以充分證明，何以中國人早早就了解到海洋潮汐的真正起因。[58] 早在三國時期(公元220–265年)，就可以找到有關「隔空取物」的超凡記載：不經任何有形接觸，就可以跨越遠距離空間完成某種動作。

前文中我們曾提到，中國人的數學思維與實際應用以代數為主，而非幾何。中國文化中沒有自然而然地生成歐幾里德的推衍幾何學，無可置疑，這一缺憾稍許阻礙了中國光學研究的前進步伐——從另一角度上說，希臘的光學理論卻從未妨礙中國的研究，希臘人荒謬地認為光線是從眼睛裏發射出來的。大約在元朝，歐幾里德幾何定理早已傳入中國，但直至耶穌會入華之後才落地生根。雖然沒有歐幾里德幾何學的指導，許多重大的工程發明並未因此大受影響，依然取得成功，其中就包括利用製作精巧的傳動裝置帶動水力，以水力發動的極為複雜的天文演示儀與觀測儀。這一事實何其不凡啊！其中又須提到我們早前探討過的旋轉運動與縱向運動相互轉換的問題。

---

[58] 總體上說，直至當代，中國人比歐洲人對潮汐現象有更多了解和更廣泛的興趣，十一世紀初就曾試圖精確地觀測潮起潮落的現象，顯然他們已然注意到天體對潮汐的作用。詳見《中國之科學與文明》第三卷，頁483–494。

鐘表內部構造的發展就要涉及到擺輪的發明，換句話説，就是一種機械裝置，其作用在於減緩一組齒輪的運轉，以便與人類最原始的鐘表，即天空的每日時間變化統一。有趣的是，中國的技術初看似乎純粹是從經驗中得來，其實不然。公元1088年蘇頌在開封成功地修築了一座宏偉的鐘樓，其後助手韓公廉反覆推敲，專門著述了一篇理論方面的論文，文中從頭至尾詳盡介紹了齒輪組與整座機械結構。無獨有偶，類似情況也發生在密宗僧人一行[59]和梁令瓚在公元八世紀初製造的那一台水力機械鐘身上，它比歐洲最早出現的水力鐘及其心軸加原始平衡擺（譯注：原始平衡擺的兩端掛有可調荷重的水平杆，與冕狀擒縱結構配合，用於古代的計時裝置中。）提前了六個世紀。除此之外，雖然中國沒有培養出自己的歐幾里德，中國人卻依舊能夠發展這些在天文學上具有同等重要價值的發明創造，並堅定不移地付諸實用；這些古代發明甚至勝過了當代天文學，[60]直至今天仍在全世界廣為應用。同樣，中國的赤道儀也並未因此停滯不前，最終一台精緻的觀測儀器問世了，雖然儀器內部只不過安裝了一根觀測筒，還談不上望遠鏡呢。

---

[59] 一行（公元682–727年），佛教密宗僧人，當時最偉大的數學家和天文學家，與梁令瓚共同發明了水輪連導擺輪。

[60] 詳見《中國之科學與文明》第三卷，頁266–268。

前文中已經提到過波粒二向性問題。秦漢以來中國人始終關注的波的規範理論和自然界兩大本原「陰」與「陽」永恆的跌宕起伏關係密切。公元二世紀開始，原子理論一而再、再而三地傳入中國，然而這些理論始終未能在中國科學文化的沃土上落地生根。雖然缺乏這一特定理論的指導，中國人依舊取得了許多奇妙的成就，例如中國早在西方人之前幾百年就認識到雪花的晶體結構為六方晶系。同樣，在創立有關化學親合性問題上，中國人也並未因此受到阻撓，早在唐、宋、元時期，就有一些煉丹術方面的小冊子記載了這類知識。說來有些知識了解還不如不了解的好，畢竟直到歐洲文藝復興之後這類知識才真正對當代化學的興起起到重要作用，過早提出類似理論反而不利。

兼重實踐與理論

有人認為從根本上說，中國人注重實踐，不太相信純理論。我並不想與人爭辯這話究竟是否有理，但必須當心，不能無限制濫用這一論點。十一至十三世紀期間，宋代新儒學取得了空前成就，他們成功地集儒家哲學於一體，與此同時，歐洲經院主義哲學也融於一爐，這難道不是很奇妙嗎？幾乎可以說，不願埋首理論研究，尤其是幾何學理論的做法給中國人帶來諸多裨益。例如，中國天文學家從不像尤多克修斯(Eudoxus)[61]和托勒密那樣推導天體形態，但卻避免了假想天體為同心結晶的固態球狀物，而這種假想在歐洲中世紀時期始終佔有統治地位。十六世紀末，耶穌會傳教團的利馬竇(Matteo Ricci)[62]來到中國，在寄回國內的一封信中他發表了一番奇談怪論，他聲稱中國人懷有大量愚蠢的念頭，其中特別提到中國人不相信天體是固態晶體球體；然而不多久歐洲人自己也摒棄了這一觀點。

從根本上追求實際並不意味着思想上可以輕易滿足，因為中國古代文化中進行過大量細緻入微的實驗。若非泥土占卜家極為認真地觀察磁針指示的位置，人們永遠不會發現磁偏角[63]現象；不是溫度的測量與控制上絲毫不苟，並可以任意調控瓷窯內氧化還原反應，製陶工藝就永遠無法取得成功。人們對這些技術細節所知較少主要出於社會因素，致使能工巧匠們掌握的秘訣不能公諸於世。不過我們還是能不時找到類似某些文字記載，例如公元1102年問世的闡述營造法式基礎的《木經》就是一本建築學方面的古典著作。《木經》的作者是位著名寶塔匠人喻皓；他雖然不識

---

61 尤多克修斯(公元前404–352年)，希臘著名天文學家、幾何學家。

62 利馬竇(公元1552–1610年)，意大利傳教士，第一批傳教團領袖，他把當時歐洲的數學、天文學和其他科學的成就發展傳入中國。

63 詳見《中國之科學與文明》第四卷第一部分，頁293–312。

字，卻仍然能把自己所知所學傳給後人，此書想必是他口述而成的。另有一例就是廣為人知的《福建造船》，這部舉世稀有的珍貴手稿中注明，造船匠人有幾位識字的朋友，他們習於工程術語，將工匠們所能談到的內容全部付諸筆端。

科學發展與社會經濟結構的關係

至此我們又面臨反對某些社會學疑問或是經濟學疑問的局面，我將樂於利用本次講座的最後幾分鐘探討這一問題，因為在中西方科技與醫藥的對比研究中，這些懸而未決的議題具有舉足輕重的意義。事先沒有意識到東西方的傳統社會結構和經濟結構之間存在着千差萬別，就絕不可能理解而今這一局面。我深感欣慰的是，儘管不同學者對中國的封建社會解釋大有分歧，但學者們總體上認為在過去二千年裏，中國的封建社會並不像西方封建社會那樣由軍事貴族統治。無論中國的政治制度究竟是不是有如馬克思主義奠基者們所知那樣應當稱作「亞洲生產模式」，或是（像其他人的說法那樣）稱作「亞洲式官僚主義」，或是「封建官僚主義」，還是（像第二次世界大戰期間我在中國時，中國朋友們常常喜歡應用的說法）稱作「官僚主義封建制度」，還是無論哪種你自己更樂於接受的名目，中國的制度勢必與歐洲人心中所知有所差異。

我曾一度認為這是由於公元前三世紀秦始皇統一中國，天下初定時小城邦封建主全部消失了。天下，一人之天下，唯一的封建君主就是皇帝本人，他手中握有相對膨脹的權力工具，利用職位不能世襲的官員和士族文人中選拔出來的官僚或稱官吏操縱天下、搜刮民財。多大範疇內的官員可以稱作一個「階級」實在令人難下定論，因為顯然在不同朝代、不同級別間可變性極強。如果願意的話，許多家族可以全族升入士族「階層」，再從中脱離出去，尤其是當科舉考試在選拔官員問題上舉足輕重的時代。科舉考試與行政管理需要特定的天賦與技巧，家族中若不能培育出這類人才，在高層社會就難保一兩代昌盛。因此，士，即文人官僚，兩千年來一直作為國家的文化人才與管理人才。我們不能忘卻「事業向天才敞開大門」，許多人認為這句話可以追溯到法國大革命時期，然而這一思想並非法國人所開創，甚至並非誕生於歐洲，實際上這一觀念在中國已歷千年。十八世紀時歐洲盛行摹仿中國大潮，親華之風正盛。儘管十九世紀時這種風尚已漸漸失勢，人們也不再把天朝大國及其官場視作培育聖賢的殿堂，我們還是可以在某些篇章文字中找到這樣的介紹：十九世紀時，西方諸國正是在深刻了解中國的科舉考試先例之後，才將這種選官競爭理論引入歐洲的。當然官僚也並非如我們有時理解的那樣完全不分階級，因為即使在最為開放的極盛時期，也由家學淵博、私人藏書豐富的公子們佔有優勢；然而無論如何，博學多才的行政官員的價值標準也必然與利欲薰心的商賈有本質上的區別，這是亙古不變的事實。

它又是如何影響科技發展的呢？這是一個非常有趣而複雜的問題，由於時間有限我們就不作深入探討了。然而毋庸置疑，以士族學者看來，中國的某些科學才是正統科學，其餘則不算。由於需要勘定曆法，天文學一直成為正統科學之一，這是因為中國根本上屬於農業國，曆法的制定格外重要。此外人們崇信占星術，只是這一點沒有農業需求那樣重要罷了。人們認為只有博學大家的工作中數學才有用武之地，某種程度上也會用到物理學，尤其官僚核心人物才特有的工程建設項目中，數學和物理學將大有幫助。中國官僚社會需要建設規模宏大的水利工程與水源保持工程，這不僅意味着古代學者普遍認為水利工程建設確實利國利民，而且表明它有助於穩固現有社會形態，而學者們自身就是這種社會形態中不可或缺的一部分。自遠古時代起，興修規模宏大的水利工程往往會打破封建地主領地的疆界，其結果就是一切權力都集中於皇帝為首的官僚中央政府。許多人都堅信中國的封建官僚社會的起源和發展至少在一定程度上有賴於這一事實。實際上，某些文本中確實可以找到類似的闡述，例如公元前81年的《鹽鐵論》。書中有一頁提到：天子必須考慮廣闊疆土上的水利工程需求，與別的封建地主相比，天子要耗費更多心力。

煉丹術則有別於這些實用科技，它顯然屬於非正統的科學，是與世無爭的道家術士和隱士們特有的工作。這一領域中丹藥本身並不引人注目。一方面而言，中國傳統文化講求孝道，於是煉丹成為文人墨客心目中的高尚研究，事實上儒醫們確實愈發投入這項研究；從另一方面而言，煉丹與醫理學的必然聯繫又將它與道士、煉丹師，以及草藥醫生聯繫到一起。

最後，我相信大家已經發現，早期中央集權的封建官僚社會體系有利於實用科學的發展。比如地震儀就是其中一例，前文中我已不止一次提到過。在那極為久遠的年代裏，地震儀可以與雨量表和雪量表相媲美。而且極有可能是因為中央統治機構期望能夠預見未來現象，這種合乎情理的要求促進了以上這些發明創造的問世。例如某一地區發生了嚴重地震災害，就應當盡早得知這一消息，以便派人救援，並且給當地政府派遣增援部隊防備民間騷亂。同樣，設置在西藏區山嶽邊緣的雨量表也能發揮很大作用，人們根據它確定應當對山體下方的水利工程採取怎樣的保護措施。中世紀時期，中國社會完成了同時代社會中最偉大的遠征探險，其有組織的科學野外作業也是為數最多。佳證之一就是公元八世紀早期由一行（前面曾提及此人）和南宮説[64]主持測量子午線的事。這次地理測量全程絕不少於2,500公里，跨越了自印度支那而至蒙古的廣闊疆土。幾乎與此同時，一支遠征軍受命開赴東印度群島，以便勘測南天極20°以內的南部星空。那一時代的其他國家政府是否有力量投入如此遼遠的長途勘測活動，真令人心生疑慮。

中國的天文學家在最初就贏得了政府支持，獲益非淺，然而天文學研究只具半公開，就某種程度而言，有其不利一面。有時中國史家也可以認識到這一點，如晉朝斷代史《晉書》中就有一篇有趣的文字寫道：「天文儀器自古代已經付諸使用了，由欽天監官員密切監控，並且一代一代傳下去。因此其他學者無緣研究這些儀器，也正是因此非正統的宇宙論得以流傳四方、格外興盛。」然而，這一論題不能言之過甚。無論如何，我們清楚地知道宋朝時與官僚統治息息相關的文士家庭中已然可以進行天文學研究了，甚至相當普遍。例如，我們知道蘇頌少年時，家藏小型渾天儀模型，於是他逐漸理解了天文學原理。時過一百年，哲學大家

---

[64] 南宮説，皇家天文學家，公元八世紀初受命與一行測量子午線，約生活於公元700年前後。

朱熹[65]也家藏一具渾天儀，並且嘗試重新構造蘇頌的渾儀的水力傳動裝置，只是沒有成功。除此之外，曾有某些時期，例如十一世紀，文官科舉考試中數學與天文學知識也佔有相當重要的地位。

---

[65] 朱熹（公元1130–1200年），中國歷史上最偉大的哲學家，宋明新儒家學派巔峰時期代表人物。

第二章　火藥與火器的壯麗史詩由煉丹開始

火藥的研究與薰煙技術

火藥與火器的開發無疑是中國中世紀最偉大的成就之一。人們從史上第一份介紹了混合炭、硝石（即硝酸鉀）和硫磺的資料發現，唐朝末年，即公元九世紀時中國已開始了這方面的研究。道家著作中嚴正建議煉丹師不要把這幾種物質混合在一起，尤其不要添加信石（即砒霜），因為有些煉丹師曾因此引起混合物爆燃，火焰燒焦了他們的鬍鬚，燃盡了他們工作的丹房。

我們來回顧一下有史記載的最早期實驗，通過這些實驗才發明了火藥配方。首先，中國古人精研燒香薰蒸之術。薰香目的在於保持室內衛生和驅除害蟲，甚至《詩經》也曾記載年底掃除，和「爆竹一聲除舊歲」等等情景。幾百年後問世的《管子》一書中也提及關閉門窗、薰香治病之說，我們知道用的就是諸如八角和除蟲蘭之類的殺蟲植物。此外我們還了解到，自秦漢兩朝以來，中國的文士學者也常在書房燃香，以免書籍毀於蛀蟲之口。

中國人的製煙技術確實不凡。公元前四世紀出版的《墨子》就有攻守爭戰一節，其中提到久攻不下時即可用鼓風機和熔爐向敵方施放毒煙和煙幕。或許還有更早的文字資料，但我們尚未掌握。《墨子》大量記載了類似的毒攻技術設備，預示公元十五世紀《火龍經》中所說的毒性煙霧彈的誕生，公元1044年出版的《武經總要》一書再次提到這種武器，下文中我將引述有關文字。《武經總要》是南宋時期曾公亮[1]編纂的一部奇書，是軍事技術方面的一部最重要的總述。十二世紀時宋朝與韃靼人海上對壘，國內烽煙四起，起義頻仍，其中可以找到許多利用混着石灰和信石的毒煙作戰的例子。火藥，這項誕生於公元九世紀某一時刻、震動天地的創造發明，確實如我所言可以震天動地，因為它原本脱胎於燃燒劑，最早期配方裏有時還有信石成分哩。

當然，世上萬物的發展皆有好壞兩面。例如，公元980年，贊寧[2]和尚曾在《格物麤談》中寫道：「熱病時疫流行時，就該盡早在發病後將病人衣物收集在一起薰蒸消毒。這樣病人家屬才能免

---

1 曾公亮（公元998–1078年），軍事百科學者，其作品《武經總要》於公元1044年問世，記載世界文明中最早一份火藥的配方。

2 贊寧（公元919–1001年），佛教僧人，科學家、化學家和微生物學家。

於病菌傳染。」那種作法肯定令路易斯・帕斯圖(Louis Pasteur)[3]和約瑟夫・李斯特(Joseph Lister)[4]着迷。知識的善惡用途始終是手拉手、肩並肩、共生共死的，因為善惡之念本來都是人類天性。

硝石的重要性

還有一點也很重要，當然應當是指人類對硝石(即硝酸鉀)的早期認識。直到人類完全了解硝石，並能夠分離、結晶這種鹽之後，火藥才有希望問世。《道藏》之中有一部有趣的書，名為《諸家神品丹法》，其中記載了大量這類資料。另一部相關的書籍《金石簿五九數訣》中有一則故事提到六世紀時的一群粟特[5]和尚，他們對硝石非常了解，還注意到其形態是凝結在地表的一層硬殼。唐朝麟德元年(即公元664年)，一位法名支法林[6]的粟特僧人攜帶梵文經著來到中國以便翻譯成漢語。下面我將引述書中提到的一段有趣的故事。

---

3 路易斯・帕斯圖(公元1822–1895年)，科學家、化學家和微生物學家，細菌學的奠基人。

4 約瑟夫・李斯特(公元1827–1912年)，英國外科醫生，引入了抗菌法。

5 粟特為古代地區名，即今之布克哈拉(Bokhara)地區，南抵奧克修斯河(Oxus River)，北至雅克薩(Jaxartes)。

6 支法林，來自中亞的僧侶，約生活於公元664年前後。

他來到汾州靈石地區時説道：「此地必然盛產硝石，為何無人採集利用呢？」當時同行共十二人，眾人採集若干物質後進行試驗得知此物不合用，與烏長出產的無法相提並論。此後一行人來到澤州，此僧又言此地必出硝石：「只是不知道是否和上次一樣沒有利用價值？」於是眾人又採集若干物質，燃燒時紫光大盛。粟特僧人言道：「此物非同尋常，可使五金變化，其餘礦物與之混合時則全部溶為液態。」這一特性實則與他們早先所知的烏長物產完全相同。

此處我們已提及鉀鹽的火焰、冶煉時硝石的助熔作用，及其釋出硝酸的能力，硝石的這種性質有助於溶解難於溶解的無機物。

我方才提到的那本《諸家神品丹法》中記載着一篇有趣的實驗報告，該實驗有可能是偉大的煉丹師、內科醫生孫思邈[7]在公元600年前後所做。其中一則配方説道：

取硫磺、硝石各兩盎斯研為一體，將碎末倒入煉銀坩堝或耐火熔罐。地面掘一洞，將堝置於洞中，使堝口與地面成同一平面，周圍用土填平。取三隻未受蟲咬的皂莢，以木炭

7 孫思邈（公元581–672年），隋唐時期煉丹師，著有《千金要訣》。

烤焦以保持原有形狀，而後投入裝有硝石和硫磺粉末的熔罐。火焰漸弱後封上罐口，蓋頂放三斤燃燒的木炭，待木炭燃盡棄在一旁。罐中物無需待其冷卻即可取出，由於蓋頂生火，它的溫度早已減弱了。

大約公元650年前後似乎已經有人醉心於試驗生產硫酸鉀，因而聽來這種實驗並不令人興奮；然而研究過程中他偶然發現了一種燃燒劑，而後又演變為爆炸製劑，這一發現在全人類文明史上堪稱首創。談到此事就唯有「激動人心」這個詞可以描述了。不過當然，自己究竟正在做甚麼，又發生了甚麼事，或許他本人根本不甚了了。

而後約在公元808年或者晚一些時候，又出現了一本有趣的書，那是趙耐庵[8]編著的一部化學論文精選，全書共五章。書中記載着一個實驗，其標題為「伏火礬法」，即用火熔化明礬或者硫酸鹽的方法，實驗藥品包括硫磺、硝石、乾燥的木炭等，這一記載同樣被世人當作原始火藥成分的最早記載之一。這一混合物可能會猝然燃燒，根本來不及爆炸。這些最初記載問世的前後順序還有待最後勘定，然而如果《諸家神品丹法》中的實驗確為孫思邈

8 趙耐庵，唐代煉丹師，約生活於公元800年。

所完成，那麼七世紀中期的記載才是見於史策的第一篇。而且它記載的實驗過程最有古代風味，因為用皂莢作炭原料的初衷顯然不是為了製造炸藥。

丹藥的誤方與原始炸藥

最後，我還願意談一下早期文獻資料中另一部有趣的書籍，此書名為《真元妙道要略》。我們還不知道其確切成書年代，只知道大約在九世紀中期。它至少記載了三十五種有害丹藥的配方，雖然這些丹藥在當時盛行於世，作者還是指出這些藥品或者配方有誤，或者服後危害生命。書中提到，某些情況下，人們服過從水銀、鉛和銀中提煉的丹丸後喪命；某些情況下，吞咽朱砂之後，人們背部受盡膿腫疼痛之苦；還有某些情況下，飲下「烏鉛汁」後大病一場，這「烏鉛汁」或許就是滾燙的石墨懸浮液。那些錯誤的煉丹法中，有的把桑木灰爐煎滾，名之為秋石；有的將日用食鹽、氯化銨和尿液調合在一起，蒸發成乾粉，提純後的產物被稱作鉛汞(照字面意思講就是鉛加汞)。這樣一看，這些配方恐怕是蓄意騙人的。最後，再來談談作者警誡時人注意的那些做法有誤的配方，書中詳細介紹了某些煉丹師將硫磺與雄黃(即二硫化二砷)、硝石、蜂蜜調合在一起加熱，結果是混合物突然燃燒，將煉丹師的雙手和面部炙傷，甚至將整座房屋燒毀。他聲稱這些做法最終只會有辱道家名譽，煉丹師本不該仿效。這一篇章的意義格外重大，因為它也記載了混合硫磺、硝酸鹽和炭原料即可配成一種燃燒劑或是炸藥，也就是原始炸藥，因此它也是人類文明中最早載有這一配方的資料之一。

火藥與火器

此後，歷史的發展格外迅速。火藥一詞在中國文化中成為尋常詞匯；我們很難在其他文本中遇到這一詞匯，顯然可以由此推知我們所談論的火藥是作何用途的。例外情況也有，在《內丹》或稱生理煉丹學中曾提到火藥還另有一種作用；然而總而言之，這個詞總是指這種或那種槍炮填料。我們發現，火藥的首次使用是在公元919年作火焰噴射器的導火索；公元1000年以前，利用炸藥製造的簡易炸彈和手榴彈已經投入實戰了，尤其常常用拋石機高高拋出，此物得名為火炮。

後頁的圖表按年代順序注明了火藥與火器的發展狀況。用火藥作導火索的火焰噴射器的確是一種令人心醉神往的機械。公元1044年出版的《武經總要》中分別以文字和圖形描述了這種機器，它的樣子彷彿古希臘拜占庭時代的「虹吸管」，實際上就是一架石

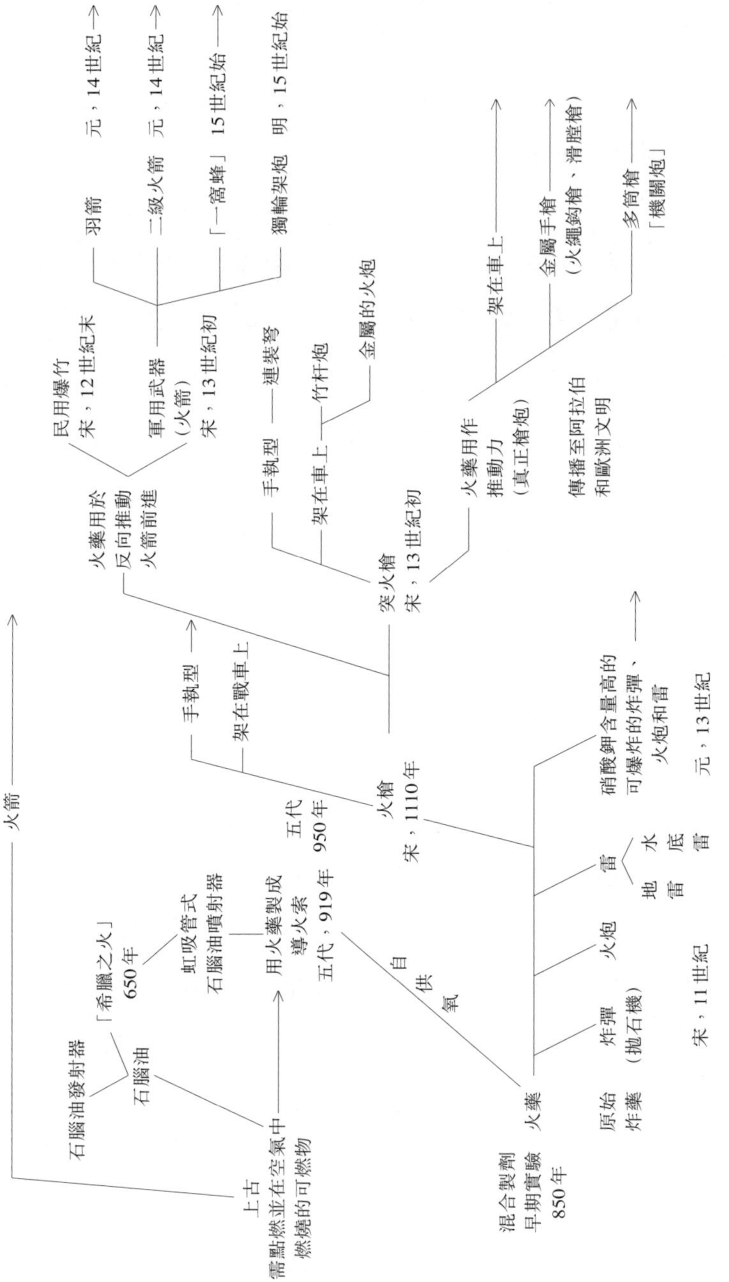

火箭
石腦油發射器
「希臘之火」
650年
石腦油
虹吸管式
石腦油噴射器
上古
需點燃並在空氣中
燃燒的可燃物
用火藥製成
導火索
五代，919年
五代
950年
手執型
架在戰車上
火藥用於
反向推動
火箭前進
民用爆竹
宋，12世紀末
軍用武器
（火箭）
宋，13世紀初
羽箭
元，14世紀
二級火箭
元，14世紀
「一窩蜂」
15世紀始
獨輪架炮
明，15世紀始
手執型
連裝弩
架在車上
竹杆炮
金屬的火炮
自
供
氧
火槍
宋，1110年
突火槍
宋，13世紀初
火藥用作
推動力
（真正槍炮）
架在車上
金屬手槍
（火繩鈎槍、滑膛槍）
多筒槍
「機關炮」
傳播至阿拉伯
和歐洲文明
混合製劑
早期實驗
850年
火藥
原始
炸藥
炸彈
（拋石機）
火炮
雷
地
雷
水
底
雷
宋，11世紀
硝酸鉀含量高的
可爆炸的炸彈、
火炮和雷
元，13世紀

表一：火藥與火器的發展

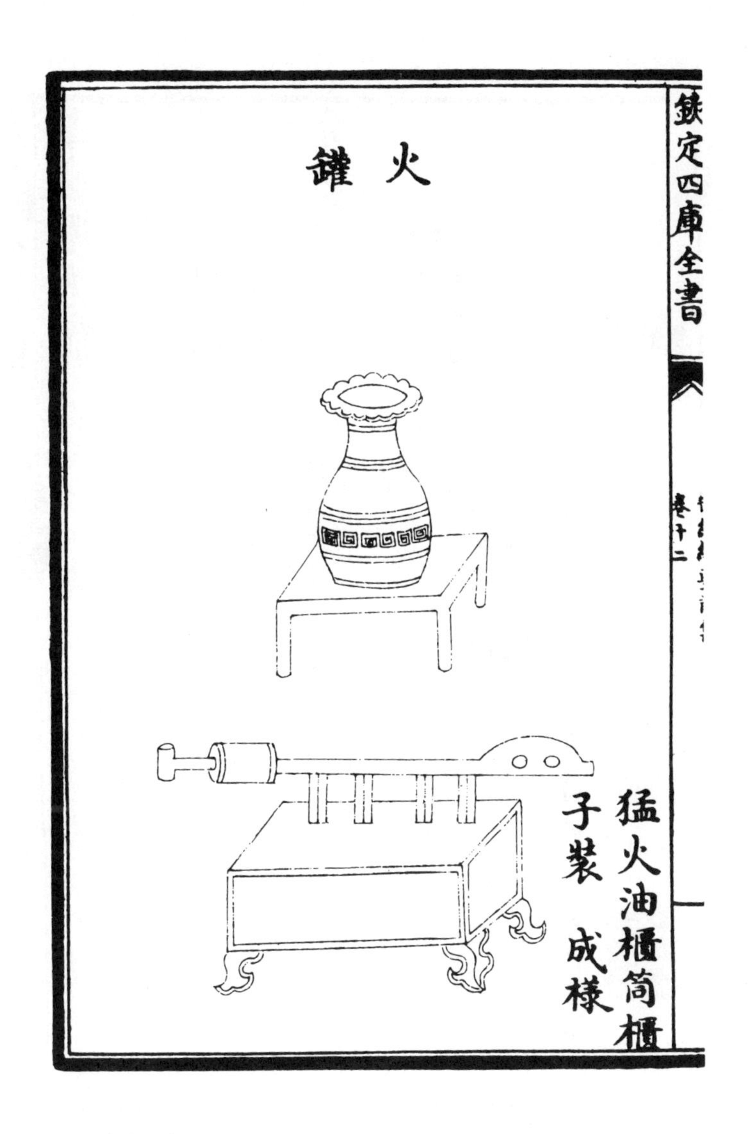

圖七： 下方為猛火油機和石腦油油櫃，據文本記載該裝置擅於燃燒浮橋，取自《武經總要》(公元1044年) 卷十二

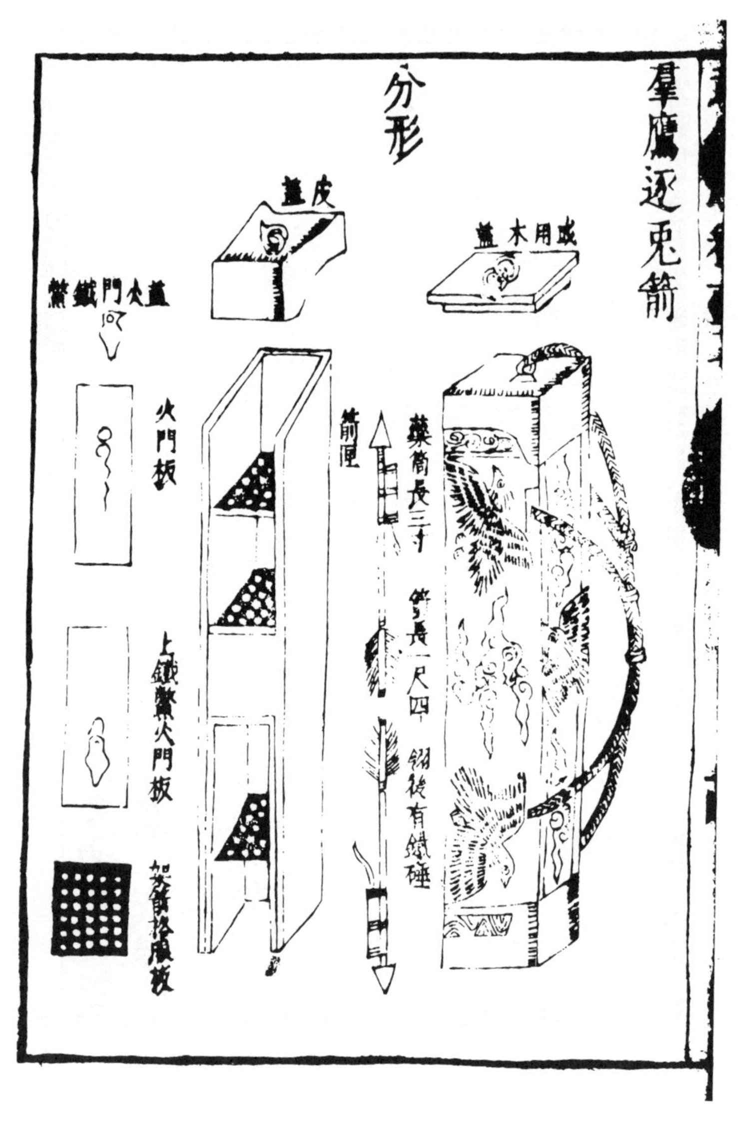

圖八：火箭弩機——群鷹逐兔箭，取自《武備志》（公元1628年）卷一百二十七

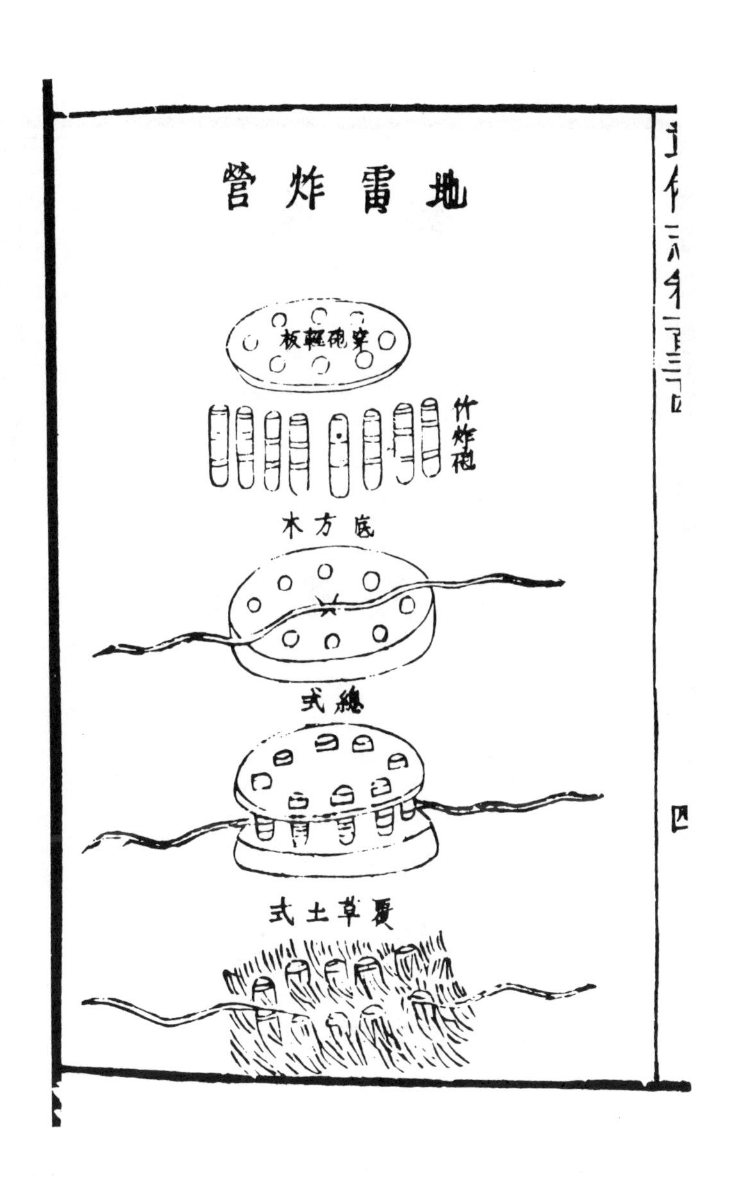

圖九：地雷——同樣由單獨木槍槍筒構成，取自《武備志》卷一百三十四

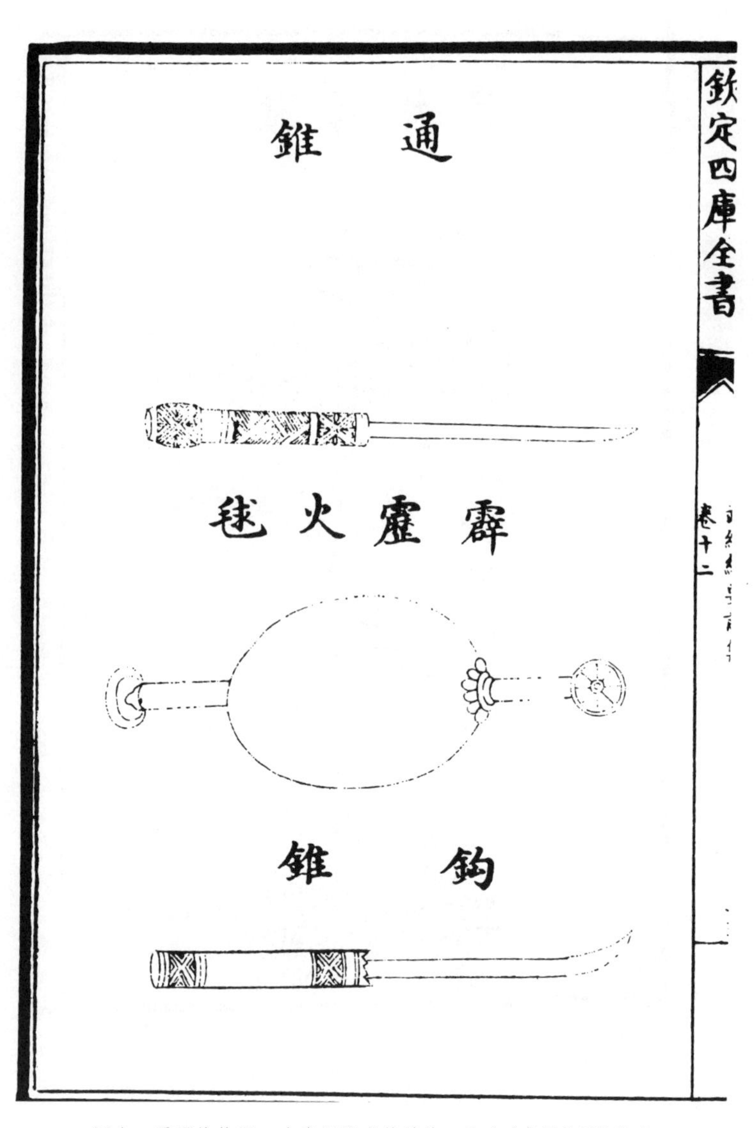

圖十：霹靂炮炸彈，有毒煙彈或竹筒炮，取自《武經總要》卷十二

圖十一：早期青銅火炮，造於公元1332年，現存北京歷史博物館

腦油發射器。它在一根聯杆上配有兩個活塞，的確是一架有趣的壓力泵；它從下方水箱中把石腦油或稱低沸點的石油餾分抽上來，點燃後射到數碼之外。妄圖攀越城牆者一定深為恐懼。

公元1044年曾公亮編纂的《武經總要》中，同樣出現了火藥配方的最早記載——遠遠早於歐洲首次出現或有文字記載的年代。要想尋覓這類記錄，至少要待到公元1327年，最早也要到公元1285年，那正是蒙古人縱橫天下的時代。這個年頭值得切記在心，因為正是在這一年，西洋文明中才首次記載了火藥配方。

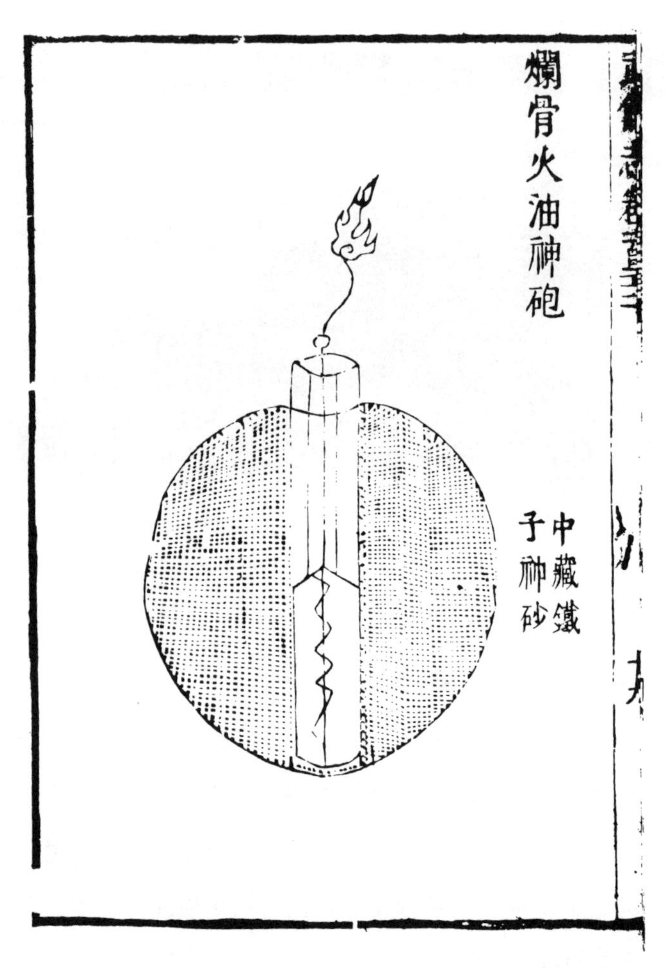

圖十二：填充火藥的炸彈，鐵匣內充飛石、毒煙和催淚煙霧、桐油、銀銹、硇砂、金汁、蒜汁、炒製鐵砂和磁粉，取自《武備志》卷一百二十二

圖十三：火槍的最早代表，見於敦煌出土的佛教故事錦旗，約製於公元950年

當然，十一世紀初期的炸彈與火炮裏填充的炸藥並不具備爆炸威力。此後兩個世紀中火藥成分中硝酸鉀的比重增加了，故而威力也提高了。最初硝酸鉀比例較低，其功用在於製造氧氣，後來才漸漸增加。早期的原始火藥更像火箭填料，可以「嗚」地一聲把箭發射出去。那種火藥看來嚇人，但不具備毀滅性爆炸威力。十三世紀中葉蒙古人與宋朝之間的戰爭正打得難解難分之際，硝酸鉀的比例才提高到足以摧城奪池的地步，可以把城牆炸飛，也能洞穿城門。

火槍與大炮的祖先

它們是在筒型槍這一重要武器轉變之後發生的。如今我們認為筒型槍出現於十世紀中期，換言之即五代時期，當時火槍剛剛研製成功。近來在巴黎吉美博物館(Musée Guimet)發現了一面來自敦煌的旗幟，其畫面極其與眾不同：佛祖坐禪靜思，身邊環立大群羅刹，眾羅刹面目猙獰，正向佛祖拋擲甚麼東西；其中許多魔鬼身穿戎裝，某個地方還有一惡鬼頭上盤踞三條長蛇，雙手緊握一隻圓筒，正在發射火焰。那火苗並非向上噴發，而是水平射出，可見這圓筒必為火槍無疑。裏面填充的也肯定是火箭填料，噴射起來就像微型火焰噴射器一樣，效果超卓。

由此我們很容易看到那段天然管筒——竹筒的功效是何其重要了；而且我們很樂於堅持認為，這種竹筒就是各類型管形槍與大炮的祖先，最原始的祖先。從公元1100年開始，火槍就已在宋朝和北方金國韃靼人的戰爭中大顯神威了。例如，陳規曾著《守城錄》，那是一本記載公元1120年前後守衛漢口以北某座城池的日誌。書中描述到，守城時大量使用了這種火槍，槍裏填有火箭火藥，用時持其一端發射。以我看來，不斷發射這種只能持續三分鐘的火焰噴射器，必定能夠有效打擊大舉進攻的來犯之敵。

就如我曾經介紹過的那樣，公元1230年以前，即宋朝與元朝蒙古人之戰後期，已然能夠找到有關爆炸性火藥的文字描述了。然後約在公元1280年，古代某一區域出現了真正以金屬打造的槍炮。它究竟首次出現在何地，是與阿拉伯人稱作馬德發的火器一樣出現於阿拉伯呢，還是源於西方，一時眾說紛紜、疑團雲湧。公元1280至1320年間堪稱一段關鍵時期，格外重要，正是在這一期間金屬管大炮問世了；然而無論如何猜疑與爭論，無可置疑，中國的竹筒火槍才是它真正的祖先。

「希臘之火」

討論與火藥相關的其他重大發明之前，我們必須更深入探討現有話題，再來談一談另外幾項具有重大意義的成果。首先我很想談一下火焰發射器，即從「猛火油機」演變為火槍這一發展何其輕易而合理。猛火油機中填充的「希臘之火」(即石腦油)，就是蒸餾石油後提取的低沸點輕油餾分。其一，石油發射泵終於製成了一種手提式火焰發射武器。其二，這部壓力泵已然開始利用火藥作慢性引燃劑，雖然當時火藥中硝酸鉀含量輕低，其威力依舊令人難以思議。因此猛火油機很容易就演變為火槍。在此有一件有趣的事實值得我們注意：談及石腦油本身，我們可以追溯到公元七世紀拜占庭時期一位名叫科林尼克斯(Colinicus)的藥劑師，阿拉伯戰爭中石腦油也廣為使用，而中國十世紀以前，五代時期各國君主也常常把這種武器擺上戰場、相互討伐。故此以往曾有許多人認為石腦油肯定是中國人自己提煉的。

直至近代火槍仍然廣為使用。我見過一幅照片可以為證，畫面上拍攝的是六、七十年前〔按：指1910–1920年間〕中國南海上的一艘海盜船正在開火的景象。可以料到另一艘船上的索具與木器早已是一片火海。這種火器一直到本世紀初〔按：即二十世紀初〕仍然大顯神威。

我方才提到，五代時期石油或石腦油(即低沸點的石油餾分)用量頗巨，因而必定是中國人自己提煉的，決不可能完全從阿拉伯進口。古代蒸餾方法計有三種。第一種為古希臘(譯注：此處指亞歷山大大帝死後至公元前一世紀的古希臘。)蒸餾法，將蒸餾提取物收集在一隻圓環筒狀的輪輞中，再由側面一管道流出。第二種為印度蒸餾法，又稱干闥式(Gandharan)蒸餾法，同樣沒有冷卻程序，產出仍只有蒸汽，提煉後的精華收集在器皿裏。這種蒸餾法本來是為提煉汞而設計的，但輕油餾分同樣適用。提煉汞和石腦油還可以利用第三種方法，即典型的中國式提煉法。蒸餾器一端永遠配有一副冷卻槽，下方一隻大鉢接收產出物，再由側面一管道輸入容器。

由火槍到發射機

我們已知火槍於公元950年以前嶄露頭角，公元1110年以前聞名天下。當然，其中的火藥就像我曾提到的那樣並不具備爆炸威力，而是更類似火箭填料。它可以猝然燃燒，噴射出熊熊烈火，但絕不是「呼」地一聲巨響，突然爆炸。最初，火槍由士卒肩扛手提，到了南宋時期，製造火槍時才選用直徑較大、約合一英呎的竹筒為原材料，並且把火槍架設在支架上，甚至配以車輪，這樣火槍就可以適當移動了。改進之後一種新型武器誕生了，我發現有必要冠之以新的名目，於是我們稱之為「發射機」，因為西方世界從未生產過同類或類似的武器裝置。(例外情況或有一兩則，比如公元1563年土耳其人圍攻馬耳他，守軍一方就推出類似的一種武器，只是沒有為它取適當的名字。在我們看來，它和許多其他武器一樣都暴露出自己的中國淵源。)

更為引人注目的是，這些發射機設計獨特，可以在噴射火焰的同時發射炮彈。因此我們只得再為它取個名字，大家最後決定定名為「曳光彈」(“coviative” projectiles)。這些彈片只不過是廢鐵，甚至碎瓦罐、碎玻璃的殘片，但它與拿破崙統治後期歐洲出現的鏈彈大相逕庭。因為此時只不過利用火藥爆炸力推動碎片飛射，而鏈彈已然取代了常規的固體炮彈，獨立勝任了。宋元時期發射機中的炮彈更類似於霰彈，公元1644年查爾斯．梅因沃林(Charles Mainwaring)[9]為霰彈下的定義是：「把各種廢鐵、石塊、步槍子彈等類似物品塞入炮彈殼，從大炮中發射出去。」彼此區別在於，中國古代的製造方法中，這些邊緣鋒利而堅硬的廢物是與火箭填料，即火藥混合在一起的。後來霰彈還得名為釘彈，但它們都不是火藥與彈片同時發射的，那已是陳年舊事了。通常情況下，發射機由竹筒製成，架設在戰車上，但是第一架銅鑄或是鋼鐵鑄造的金屬杆發射機的誕生絕對與它關係緊密，這件事意義非常重大。尤其應予注意的是，金屬杆發射機後來進而演化為金屬杆火炮和大炮。

發射機時代末期，真正具有爆炸威力的炮彈也和曳光彈一樣應用於戰火硝煙之中，它們都產生於宋元時期。不過發射曳光彈的發射機體型較小，憑人力即可應付，於十三世紀末、十四世紀初發射機巔峰時期，連發弩機也付諸使用了。由於火藥產生不了最強的推動力，這些羽箭無法飛得很遠；然而近距戰役中，由城上紛紛射下，尤其阻攔輕裝上陣或索性手無寸鐵的來犯之敵時，效力尤為可觀。此後出版的書籍中就有插圖，詳示手提式發射機的曳光彈，或稱之為火槍的晚期形式。

---

9 查爾斯．梅因沃林，十七世紀英國炮手。

最終，金屬杆的火器問世了，它另有兩種基本特色：其一，火藥的硝酸鉀比例增加了；其二，發射彈(例如子彈或炮彈)與槍炮口徑嚴謹吻合，於是火藥的推動力量可以發揮到極至。這種火器才真正可以稱之為槍炮。如果它確如我們所推測的那樣，誕生於公元1280年的元初，那麼距離最原始的火器發明——火焰噴射器，它至少走過了三個半世紀才發展成形。

歐洲火炮源於中國？

我們從牛津大學圖書館現存手稿中得知，公元1327年歐洲首次出現火炮(如果可以這樣稱呼它的話)。我們決不能把這麼早時代的槍炮想像成腔膛纖長而光滑，保障彈藥可以擊中目標。歐洲早期火炮的形狀有如圓肚花瓶，極具特色，炮口類似老式大口徑短程霰彈槍的槍口，向外伸展，呈喇叭形。於是，每逢發射，或中或飛，準確性不高。不過火藥已經填充在火炮內部，炮彈也安置在炮杆最窄小的部分，因此即使炮手瞄準有誤，轟擊城牆、城門或是一湧而上的軍隊時(那一時代軍隊士卒往往成密集隊型前進)，依然奏功。

而今有趣的是，我們還找到了描繪這種火炮的中國繪畫。畫面上，火炮全套設備架設在戰車上，與歐洲十四世紀首批出現的火炮形狀一般無二。因此，極有可能火炮原本創始於中國，西方只是照樣複製而已，因為直到公元1285年前後，西方才開始了解火藥常識。如果猜得不錯的話，這就意味着：隨着中國的瓶狀大炮的出現，火藥的應用終於達到了最高境界，成為純粹推動力製劑和射擊製劑，這一進步比歐洲初次認識火藥還要早。也有可能同時發生吧。無論怎麼説，由孫思邈和他的朋友首創的實驗算起，火藥、火器發展的全個過程肯定經歷了整整七百年——在中世紀時期，這樣的進展速度相當可觀了。

還有一件事同樣值得注意，中國考古界發現了許多銘刻着鑄造年代的銅製和鋼鐵鑄造的火炮、大炮，其年代全都遠遠早於歐洲考古發現的同類武器。這些銘文究竟會把我們帶回到公元1327年，還是更久遠的時代，我不太清楚，然而炮身上銘刻的年代大多是公元1327年之後的幾十年——歐洲就找不出這麼早的例證。

一般而言，金屬杆火炮都是架設在炮車上的；而後不久，它的體積就減小到單人即可攜帶、發射的程度，而後又直線鋭減，終於製成了火繩鉤槍和滑膛槍。日後十六世紀時，葡萄牙的滑膛槍深深吸引了中國人，名之為「佛郎機」(即「法蘭克的機械」)，不過那又是另一段故事了，此處我們無暇顧及。葡萄牙戰艦上的輕型可旋轉火炮，或帶有可拆裝金屬把手的後膛炮同樣令中國人心動不已，這種炮被命名為鳥嘴機，不過這一事例同樣不在我們探討的歷史關鍵時期以內。

早在那一時期以前，火炮和大炮終於登上了多重式炮台。這種形如花瓶的火炮究竟首先出現在甚麼地方，是中國還是歐洲？這一問題難以解答的主要原因是古代東西方著作各有各的獨特難處。西方編年史資料不夠充足，直至很晚時代才豐富起來，因此書中插圖具有格外重要的舉證價值；而中國面臨的難題在於，科技書籍的出版零星分散，即使同一書籍也版本各異，不是每本書都能精確推測出其出版年代的。

重要典籍

前文我們已經提及公元1044年曾公亮歸納整理的《武經總要》。我曾在北京琉璃廠發現一本明代的版本，其中有關火藥的整整一章全都不見了，因此顯然那一時代的信息依舊「有限」，後來我將該書捐獻給了中國科學院圖書館。《火龍經》堪稱科技史上又一座里程碑，此書大體分為六七部分，作者涉及多人，其中某些作者，例如諸葛亮，[10] 顯然純屬虛構，其餘極有可能屬實，例如

---

[10] 諸葛亮（公元181–234年），蜀國軍師，三國時期著名將領和謀略家。

劉基，[11] 他是元初一位博學多才、善於技術的著名將領。這部作品的書目提要和正文內容已由澳洲的何丙郁和王靜寧注釋清楚了，它堪稱中國火藥發展史中最重要的一部典籍。我相信，其不同版本的出版年代大體介乎宋末和明初之間，跨越了很長一段歷史，包括整個元朝，以及後來的明朝皇帝朱元璋向蒙古人開戰以徹底粉碎蒙古統治的一段時期。那次戰爭中朱元璋大量使用了槍炮，尤其是新型火炮。他手下一名炮手焦玉 [12] 極有可能是明代後期一位名喚焦勗 [13] 的人的祖先，我認為這兩個人均與《火龍經》的傳説大有關聯。

而後大家可以再來研究茅元儀於公元1621年編輯的《武備志》，這是一部重要文獻，同樣插圖繁多，存有多種版本，甚至有時各版本的書名都有差異。除以上這些早期重要資料外，在其他一些技術性書籍中也可以找到有關火藥武器的資料，例如宋應星於公元1637年完成的名著《天工開物》；此外，當然許多大百科全書中也可找到有關記載。

那麼，這些書的奇特之處就在於，它們既回顧歷史，又高瞻

---

[11] 劉基（公元1311–1375年），技術將領，協助朱元璋攻克天下。

[12] 焦玉，約生活於公元1345–1412年，炮手，軍事技術寫作人，幫助朱元璋平定天下。

[13] 焦勗，明末清初的炮手、軍事技術寫作人。

未來。例如，書中有許多插圖顯然與當時實情不符，如《武經總要》中火炮和重炮的插圖並未配有相應的文字說明，因此這些圖片肯定是後代編輯添加上去的。反言之，或許為了文字完整，《火龍經》和《武備志》運用了大量圖片和文字介紹早在成書時代以前出現的火藥武器。故此在勾畫火器興起與發展的過程中，我們只得依據推測進行相當大量的重新排序的工作：文本資料間或提供某個確實年代以資參考，在這些資料幫助下，我們把不同形式的武器依照最可能符合史實的順序排列起來。正是出於此類原因，讓我們難於百分之百地判定火炮究竟最初源於中國還是出現在歐洲。不過看起來，從首次混合硫磺、硝石和焦炭製成火藥，而至金屬杆槍炮成形，其整個發展過程的確首先在中國出現，而後才流傳到伊斯蘭教與基督教的領地。無論如何，槍筒原理首創於中國，這一點毋庸置疑；其原始祖先就是天然管筒——竹筒，在各種科技發展中，人們運用這種竹筒一直得心應手。

「火箭」之路

迄今為止，本次講座還未有一言談及火箭。在當今時代，人類與車輛已登上月球，乘火箭推動的飛行器探測太空的歷程也已不是秘密，因而沒有必要詳細闡述中國首次成功發射火箭時是如何起步。畢竟，只需將一根火槍的竹管反向綁縛在羽箭上，而後任其自由升空即可達到火箭的效果。這種反向推動原理究竟創於何時，一時眾說紛紜。我們在二十年前為《中國遺產》(*The Legacy of China*)一書大事寫作的時候，曾認為火箭創生於公元1000年，恰恰得以及時收入《武經總要》。不幸的是，由於專有術語的匱乏，火箭的稱呼不大靠得住。書中提供了火箭的插圖(即着火的羽箭)，從畫面上看與後來的火箭圖片極其相似，故而也被稱作「火箭」了。然而《武經總要》中談到某些羽箭的發射方式有如用弓弩發射長矛或標槍一樣，可見這種箭支未必是火箭，而更可能是填充了可燃物的細管而已，其用途在於點燃敵軍城池內建築物的屋頂。新生事物不是總有嶄新的名稱來相配，這一次也不是我們遇到的第一次。例如水力機械鐘就是這種情況。故此火箭一詞即可代表可燃箭支，又可指當代意義上的火箭，名稱混淆難辨。

某種意義上說，在敦煌發現那面公元950年的旗幟解決了火槍與火箭究竟哪一個先行問世的問題。儘管就火箭初次出現於公元1000年以前的提法仍存在異議，但就現在看來我們似乎應當到晚些時候再從另一角度入手研究火箭的起源。在接近十二世紀末南宋時期的文字中，宮廷已經出現燃放花炮表演的描寫。這種稱作「地老鼠」的爆竹就是一段填有硝酸鉀含量較低的火箭填料的竹筒，可以在地面上自如地四處游竄，令人望之膽寒，有文字記載宋朝的一位皇后就不喜此物。必定是這種民間娛樂觸動了火槍手，令人聯想起開槍時不得不承受火槍的反衝力量。於是有人嘗試把爆竹固定在羽翼尾部，結果這隻箭「颼」地一聲呼嘯中靶。我們猜測此事大約發生在十三世紀，因為十四世紀元朝時期，火箭已然大功告成了。

到明清兩代，許多饒有趣味的新生事物緊緊尾隨而來。其中首先出現的就是巨型二級火箭（聽來令人不覺詫異，難免要回想起「阿波羅」號宇宙飛船），二級火箭中的推進火箭分兩步次第點燃，自動向軌道尾端噴射大叢火箭推動的箭支，打擊得集中來犯的敵軍苦不堪言。火箭配有雙翼、形如飛鳥，可以算是提高火箭飛行過程中空氣動力的穩定性的早期嘗試了。此外還出現了火箭連裝弩，一根導火索可以同時引燃五十支火箭；再後來連裝弩被架設在獨輪車上，這樣整組火箭都可以像後期出現的常規大炮一樣推入陣地準備作戰了。

火箭炮在歐洲十八至十九世紀初期的海陸戰史上建立了不朽功勳。拿破崙戰爭期間，英國海軍發射的火箭將哥本哈根市燒成了一片火海。而火箭部隊在所謂可敬的東印度公司橫行的時代也是盛名卓著，它的大名可以與蒂波・薩希布（Tippoo Sahib）這樣的王子們一爭高下。然而這段輝煌時光轉瞬即逝了，因為又出現了瞄準精確度更高、技術更先進的大炮，可以發射烈性炸彈和燃燒彈，於是西方的火箭炮群於公元1850年左右銷聲匿。一直待到我們生活的時代，火箭推動裝置遵循人類意志，遠遠地衝出了地球大氣層，才重振往日聲威。烈性炸藥在這一問題上無能為力，儘管在朱爾斯．凡爾納(Jules Verne)[14]筆下，巨型大炮已經瞄準了月球。

北京的國家軍事博物館裏，陳列着一具「阿波羅」號二級火箭的原始模型，箭身攜有到達目的地時才發射的小箭。此外還展示着一具有雙翼的飛鳥形火箭。

《武備志》一書中以大量圖示資料解釋何為「一窩蜂」弩機，可以看到這種發射裝置能一次同時發射三十、四十甚至五十支羽箭，在當時肯定對敵軍構成了重大威脅。軍事博物館藏有一具模型。後來「一窩蜂」弩機也被架設在獨輪車上，通常四弩一車，車上插有幾枝後備長矛，彷彿是對舊事的懷念。火箭炮手也配有火槍，以備敵方逼近時應戰。軍事博物館也收有這一模型，式樣與書中所繪一般無二，有兩排火箭發射架，火槍模型也在其中。於是我們最終觀賞到的是滿滿一排、全套獨輪車火箭發射架，六、七架排成一列。

---

[14] 朱爾斯．凡爾納(公元1828–1925年)，法國小說家，早期科幻小說作家，主要作品有《環球80天》(*Around the World in 80 Days*)、《地心旅程》(*Journey to the Centre of the Earth*)等。

火藥、火器與修道士

問題於是出現：它們是如何流傳到西方世界的呢？此事必定發生在十三世紀下半葉的某一時期，對此我們有絕對把握。蒙古軍隊恰恰在那一時期，在拔都可汗[15]率領下大舉進犯東歐。然而看似荒謬卻的確屬實的是，並非蒙古人把它們傳到歐洲。到後來，尤其在忽必烈[16]奪取天下的戰爭中，蒙古人的確格外重視火藥的威力，但此前，在公元1241年這群游牧射手、馬術大師在萊格尼茨[17]一役中徹底擊潰歐洲騎兵團的時候，火器發展還未臻完美，無法應用於騎兵作戰。手槍、卡賓槍和左輪手槍則是更晚時代才誕生的。因此以我看來，真相極可能大異常規忖測。

讓我們權且回顧一下戰火紛繁的十三世紀。蒙古民族日漸強盛，首先吞併了花拉子模[18]國的大片土地，而後在公元1234年覆

[15] 拔都可汗，死於公元1256年；公元1237–1242年他率蒙古軍遠征俄羅斯、波蘭和匈牙利。

[16] 忽必烈可汗（公元1216–1294年），其兄蒙哥於公元1259年死後他繼位為「大汗」，是中國第一位蒙古族君主。

[17] 萊格尼茲（Liegnitz），位於布勒斯勞（Breslau）西北方45哩。

[18] 花拉子模（Khwarizmian），鹹海南岸的一個國度。

滅大金國女真族[19]政權，公元1236年蒙哥可汗[20]長途跋涉西征亞美尼亞。次年俄羅斯梁贊城[21]陷落，蒙古人進而攻打波蘭。公元1241年萊格尼茲之戰大勝的同時，蒙古軍隊圍攻布達佩斯，是年窩闊台[22]戰死，十年後蒙哥可汗再次率軍攻克此城。公元1253年前後，威廉・魯布魯奎斯(William de Rubruquis)[23]等方濟各會修士登上征途前往位於喀喇昆崙[24]的蒙古宮廷。與其稱他們作修道士，毋寧稱作外交使節。他們肩負重任，要請來蒙古援軍抵御法蘭克基督徒的宿敵穆斯林教徒。此戰利用的仍是傳統戰術鐵壁合圍，與佇立在目前敵軍背後的國家結盟，再調動盟軍或潛在友軍與己方形成夾擊之勢。人們肯定會花大量時間了解，這些方濟各會修士在蒙古與中國大地上漫游的時候，究竟是如何看待火藥和火器的。儘管關注這類問題與他們的慣常行為大相逕庭，他們肯定感到有責任把這些知識與技術帶回歐洲，以便在打擊異教徒的戰爭中保障基督徒生命安全與統治力量。此念一生，修士行動時

---

[19] 大金國(公元1115–1234年)，女真族建立的政權；女真人祖居阿瑪爾河流(Armur River)，屬通古斯民族。

[20] 蒙哥可汗，忽必烈可汗的哥哥，死於公元1259年。

[21] 梁贊城(Ryazan)，位於俄羅斯中部，莫斯科東南。

[22] 窩闊台可汗，公元1229–1241年間執政，元太祖成吉思汗的第三子。

[23] 威廉・魯布魯奎斯，約生活於公元1228–1293年間，是方濟各會修士，公元1253年被法王路易九世派往蒙古宮廷為王子薩塔布道。

[24] 喀喇昆崙(Karakorum)，蒙古宮廷所在地，現在蒙古境內。

就比以往更需要貼近觀察火藥與火器。甚至可能有人曾帶回一位中國炮手，此人既熟知過去六、七百年間形形色色的軍械設備，也精通最新發明的知識與技術，並且不介意到異國他鄉謀求發展——不過此人名不見經傳，無人知曉。

那次夾擊戰術取得了意想不到的空前勝利，只不過事實上蒙古人並未與基督徒結成同盟，而是獨立為自家贏了此役。征服波斯之後，他們又進而攻打波斯灣彼岸的伊拉克，並於公元1258年攻克巴格達。時隔不久，蒙古汗國[25]以伊朗為中心宣告成立，並且建立了馬拉加天文台。此後拉賓·巴·索瑪(Rabban Bar Sauma)[26]及其同伴的歐洲之行或許也曾把火藥與火器知識傳到歐洲。很久以前沃利斯·巴吉(Wallis Budge)[27]就已把他們的事蹟由敘利亞語翻譯過來了。這兩位年輕人都是中國景教傳教士，在北京出生並接受教育，他們發願前往耶路撒冷朝聖。兩個人都未能到達目的地，但他們的確穿越了古代世界所有領土，而其中一人才打道回國。在大布里士或者波斯的某個地方駐留時，索瑪的朋友出人

---

[25] 汗國(Ilkhanate)這個詞是阿拉伯人用以表達對蒙古大汗的崇敬之情的，雖然他是異族首領。

[26] 拉賓·巴·索瑪是維吾爾族景教傳教士，生於北京，十三世紀時西遊歐洲。〔按：景教是五世紀君士坦丁大主教聶斯托里創立的教派。〕

[27] 沃利斯·巴吉(公元1857–1934年)是埃及學家，以埃及和近東地區為主題著有多部著作。

意料地被選為當地主教，以至整個聶斯托里教派的大主教，他公務纏身只得永遠留在當地。不過索瑪繼續西行，他遊覽意大利時在羅馬受到了熱情款待（沒人提出宗教教義問題為難他），後來又來到波爾多，在英格蘭國王駕前舉行了禮拜儀式。最終他一路順風回到中國。這次朝聖之行的初衷或許也是出於政治目的，或者說部分原因如此，本來他們希望西方世界能出手協助大宋抵御蒙古軍隊；假如果真如此，則成功希望渺茫，然而這一次恐怕又有神出鬼沒的中國炮手與這兩位教士同行，於是再次把他的所知所學雙手奉上，任由歐洲有識之士繼承過去。

長途行商與火藥西傳

公元十三世紀不僅有方濟各會修士和聶斯托里傳教士，還有更廣為人知的長途行商，其中最富盛名的當數馬可．波羅（Macro Polo）。他信誓旦旦地說中國的江河裏有數以百萬條船舶，杭州城裏架設着數以百萬座橋梁——根本上他並沒有言之過甚。他最終在公元1284年告別中國，這是歷史上具有關鍵意義的一年。他在忽必烈可汗駕前為官二十年，有時身負秘密使命，但更多時間裏主持鹽務，後來由海路陪伴一位即將遠嫁中東的中國公主離開中國。或許這一劇情更加適宜我們腦海中設想的那位遠走他鄉的中國炮手，然而不巧的是，這時已為時太晚，火藥的配方差不多在同一時代由方濟各會修士羅傑·培根（Roger Bacon）（用回文構詞法）和多明我會修士阿爾伯特·馬格努斯（Albertus Magnus）[28]傳入了歐洲。馬可·波羅固然並非十三世紀來到中國的唯一一位意大利客商，還有弗朗西斯科·佩戈洛蒂（Francesco Pegolotti）[29]，他著有一部如何往返中國、類似於旅行手冊的書；此外揚州城裏有一座專供歐洲客商與他們的妻子安居生活的村落；更不要說還有那位忽必烈大汗駕下稱臣的著名法國工匠居洛姆·布謝（Guillaume Boucher）[30]了。因而火藥西漸的機會很多，此後又有許多發明問世。公元1335年朱元璋奪取帝位，稱霸天下，但是如果說火藥是在這一年傳到西方也未免太遲了，因為歐洲人早在公元1327年以前已然鳴響了隆隆炮火。

想像中國炮手西來歐洲的鼎盛時代更可能在公元1260至1280年一段時間，也就是發射機和真正的大炮在華夏大地蓬勃發展的年代。希望進一步深入研究能夠給予我們更多啟示。同時探

---

28 阿爾伯特·馬格努斯（公元1193–1280年），一位博學多才的多明我會修士，曾在科隆和巴黎講解亞里士多德學説，是西方中世紀科學界領袖之一。

29 弗朗西斯科·佩戈洛蒂，弗羅倫薩（Florentine）一間大商號的代理人，他從其他商人那裏收集有關商路的消息和知識，匯集成書，於公元1340年出版。

30 居洛姆·布謝約生活於公元1250年前後，生於巴黎，是一位金匠和機械師，在大汗駕前稱臣。

討火藥西傳的歷史環境，或稱之為同期背景也必然成果斐然。通過辛勤研討，我們得以辨別歷史上一段顯著的「群體傳播期」，當時多種重要的發明創造和科學發現同時來到西方。例如十二世紀，羅盤針和軸杆方向舵伴隨其他幾種發明一起傳到西方；十四世紀時隨煉鋼用的鼓風高爐和欒葉西來的還有另幾種發明。我們應當把火藥西傳的時間定為十三世紀，十三世紀期間這一傳播過程始終是有目共睹的。

火藥用於民間及戰爭

接下來，還有一點仍需提及——或許這已是老生常談、陳詞濫調，或稱俗話俗談，或稱牽強附會。反思人類所了解的最古老的化學爆炸物，不僅在戰爭中起了難以估計的重大作用，對和平時代的各種技術行業發展同樣具有無可勝言的重要意義。幸而如此，我們整體課題中的那一點陰暗色彩方才得以消減。如果沒有炸藥，當代文明所必需的眾多礦業產品將無法實現；如果沒有炸藥，河道、運河、鐵路、公路，各種交通線路所需的路塹、隧道將難以竣工。莎士比亞曾言道：「從地下掘出如此惡毒的硝石」，被用來大批屠殺穿着林肯綠（譯注：指黃綠或棕綠色的呢子，此呢原產林肯郡，故名。）、挽大弓、佩長劍的勇士，「是多麼令人惋惜啊！」然而莎翁從未找到機會與工業革命時期的工程師促膝一談，在這些人心目中，炸藥以及當代化學的成果——高硝酸烈性炸藥的價值則全然不同於莎翁的見解。故此我們必須更公允地看待炸藥的開發，不能只為其在硝煙戰火中的殺傷力目眩神迷。如今這句陳詞濫調在國外仍然時有耳聞，說中國人儘管發明火藥，但中國人從未將火藥用於戰爭，只不過用於製作煙花爆竹而已。此話往往蘊含着一派高高在上的含意，暗指中國人頭腦簡單；此外又飽含羡慕之意。追憶十八世紀歐洲模仿中國風格的狂潮時代，歐洲思想家就早有這種印象，認為中國的專制君主都是一些仁義聖賢。而中國軍隊確實始終恭聽文官調遣，至少理論上確實如此。就如第二次世界大戰中英國科學家的地位一樣，他們理應「隨時聽令，而非發號施令」。由此看來這句老生常談或許言之有理，然而不巧得很，恰恰並非如此。

即使我們把那次成功取得火藥配方的實驗（儘管當時配方硝酸鉀含量較低）年代定於公元800年至850年間，然則就如我們所知這種混合物早在公元919年以前就用在火焰噴射器上作導火索，而公元950年，火箭填料的火焰噴射器已然在戰爭中大顯神威了。當然這種火藥必定也用於製造煙花爆竹。就我們所知，歷史上還沒有充分記載中國煙花爆竹發展的文字，唯有十八世紀時錢德明(J. J. M. Amiot)[31]曾作過某些記錄，此外當代學者馮家昇[32]作了更大量的整理工作。然而，無可置疑，隋唐兩朝時，煙花技術大放異彩，火球飛濺，五色斑斕，故此可以說作火箭填料的火藥一旦試驗成功，足以應用於煙花表演，肯定就已付諸實用了。同時我們還注意到直到五代時期火藥才真正發揮所長，成為軍事武器。約公元1000年的宋初，人們就已着手把半爆炸型火藥填入炮彈，裝在射石機(或稱投石器)上淩空發射出去；射石機是一種依據環索和槓杆原理製造的早期大炮。當然還有人工投擲的手榴彈，不過這並不意味煙花爆竹從此裹足不前。實際上就如公元1584年亞米奧特等耶穌會成員來到中國時所見所聞一樣，中國的爆竹的確不同凡響。於是火藥在軍事與民用兩大用途肩並肩、手挽手共同進步直到今天。

談到最後或許又要說到中國古代工業化以前是否已曾應用炸藥的問題。術語的界定又給我們帶來了一個難題。早在古代人們就已用火開礦及進行建設工程，即利用熱能粉碎石塊以方便運輸。故此每逢談及此事，很可能工程中用到的就是火藥，儘管當時技術也不過是點火而已。《明書》有載，曾有某位官員派遣火工

---

[31] 錢德明是一位耶穌會傳教士，對科學技術饒有興趣，公元1774年教皇解散耶穌會時來到中國。

[32] 馮家昇，當代傑出的技術史專家。

消除礁石，以利航道暢通無阻。因此，這一問題需要更加細緻的研究。

總結

最後關於人類史上化學合成的第一種炸藥的發展，還有兩點需要說明。首先，火藥的發展不能單純視作技術進步。火藥並非手藝人、農夫或者石匠的創新發明，而是源自道家藥劑師那些雖說詼澀難懂、卻有條不紊的系統研究。稱之為「系統研究」是經過深思熟慮的，因為儘管六世紀、八世紀時期，藥劑師沒有當代理論可供遵循，但並不意味他們全然沒有理論根據。恰恰相反，我和何丙郁已然闡明唐代以前各類化學親和力理論已趨完備。在某些方面讓人不禁聯想起亞歷山大時代的原始化學家也曾研究出物質吸引力與不相容性的理論，只不過中國理論較之更為先進，而萬物有靈的論點更薄弱而已。事實可證，有了這些理論，我們的確可以展望十八世紀歐洲化學家必定可以描畫出親和力圖表了。

古希臘的首批原始化學家對黃金偽造和各種各樣的化學轉換、冶金轉換極有興趣，但並未刻意追求煉製使人長生不老的靈丹妙藥，他們的研究作品現收在《希臘煉丹術全集》(*Corpus Alchemicorum Graecorum*)裏。我們有充分理由相信，中國煉丹術的基本思想，即那些自創始以來就企圖探求長生奧秘的思想，是途經阿拉伯和拜占庭然後來到拉丁語佔領的西方世界的。嚴格來說，若非阿拉伯人的幫助，我們根本無法談論煉丹術問題；而且，甚至有人聲稱"chemia"一詞（即阿拉伯語al-kīmīya'）以及其他一些煉丹術語都脱胎於漢語。

許多漢代化學實驗儀器一直流傳至今，例如有一對凹角執柄的青銅容器，很可能就是用來提純樟腦的。某些蒸餾儀器，就如方才舉例所示，都具有典型中國特色，與西方同類儀器迥然不同。你不必費神就可以想像出這樣一幅場景：道家煉丹師把木架上的所有藥品都取下來，嘗試着以不同置換與組合混合在一起，看它們有何變化——看是否可以意外地配製出長生不老藥來。偶有一次硝酸鉀被認定為靈丹藥劑，並且分離出來，事實上大約早在公元500年陶弘景[33]生活的時代已然認識到了。總而言之，最初人類寄望於長生不老，故而對各種品類的有機物、無機物的化學性質與藥物性質進行了系統探索，在此過程中才配製出第一份炸藥混合藥劑。道士的收穫並不在此，但其本身對人類同樣大有裨益。

---

[33] 陶弘景（公元451–536年），著名道家煉丹師和內科醫生。

其二，亦即最後一點，火藥時代還有另一項足以摧毀社會的發明創造，中國尚可從容應付，但在歐洲它卻產生了翻天覆地的影響。自莎士比亞時代以後幾十年，乃至幾百年，歐洲史學專家一直把十四世紀首次火炮齊鳴視作敲響了封建堡壘、乃至西方軍事貴族封建社會的喪鐘。而今再喋喋不休地描述此事恐怕就太令人乏味了。僅在公元1449年，法國國王的炮隊就在英國管轄下的諾曼第地區的城堡之間作了一番巡遊，以每月攻克五城的速度搗毀了一座又一座城池。此外火藥的威力不僅局限於陸戰，在海上爭霸中也產生了深遠影響。就在那一時期，他們還瞄準地中海上用奴隸划槳的單層甲板大帆船，並給予致命一擊：因為那些帆船上的炮台不夠平穩，無法設置海炮，無法承受舷炮齊發。

在此，還有一條並未廣為人知的史實頗值得一提：在十三世紀，即歐洲首次出現火藥之前，另一項技術的進步令火藥的出現相形失色，它歷時短暫，但同樣嚴重威脅着哪怕最牢固的城牆的安全。它就是裝有配重平衡的拋石機。這是一種產自阿拉伯的拋射裝置，稱作砲，或者火砲，大有中國軍事藝術之風，與亞歷山大時期的石弩或羅馬帝國時代的彈射器之類的扭轉裝置毫無相似之處。它形如一根簡易槓杆，長臂一端連結一隻環索，短臂一端連結一根繩索由人操縱。這就是前文中提及的與宋代首創的與炸彈息息相關的拋石機。

就社會意義而言，中西方的對比格外引人矚目。火藥粉碎了西方軍事貴族統治的封建社會；而火藥問世後五個世紀，中國官僚主義封建社會的基礎架構與火藥發明前幾乎毫無二致。應當說化學戰爭誕生於唐代，但直至宋朝五代時期才廣為利用，而真正證實其存在價值的還要算十二至十三世紀宋朝與韃靼人和蒙古人的戰爭。大量例證表明，農民起義軍充分利用了火藥，它海戰陸戰皆宜，平原對壘、圍城攻守均為所長。然而中國沒有重甲騎士兵團，沒有貴族城堡或是封建采邑城堡，這種新型武器僅僅彌補了已有武器裝備的不足，並未對舊時代的文武機構產生任何可以察覺的影響，而每一個入侵的外族政權都會接手這些機構為己所用。

第三章　長壽之道的對比研究

煉丹術與長壽法

從弗朗西斯．培根(Francis Bacon)開始，科學史專家就認定當代化學起源於古代和中世紀時期的煉丹術，這一論點在羅伯特．博伊爾(Robert Boyle)、[1] 安東尼．拉瓦錫(Antoine Lavoisier)、[2] 約翰．道爾頓(John Dalton)、[3] 尤斯特．利比格(Justus von Liebig)[4] 等人的著作中可見一斑。煉丹術研究過程中大量儀器得以發展，大量物質的性質知識得以進步，雖然結果各自不同。人們通常認為原始化學首創於公元前二世紀至公元六世紀間，希臘—埃及文

---

1 羅伯特．博伊爾(公元1627–1691年)，皇家協會早期會員之一，化學之父，有一條氣體定律以他的名字命名。

2 安東尼．拉瓦錫(公元1743–1794年)，法國科學家，對早期理解氧氣在化學反應中的作用貢獻良多。

3 約翰．道爾頓(公元1766–1844年)，化學家，發展了化學反應中的原子理論。

4 尤斯特．利比格(公元1803–1873年)，卓越化學家，有機化學和農業化學創始人之一。

明的亞歷山大時代。那是休多—德謨克利特(Pseudo-Democritus)、[5] 索西穆斯(Zosimus)[6] 和奧林匹多魯斯(Olympiodorus)[7] 的勞動成果，用希臘文記載流傳至今。他們的作品收入了《希臘煉丹術全集》(*Corpus Alchemicorum Graecorum*)，該書共三卷，其中多有類似殘稿。

然而，未能廣為人知的是，中國在較早時也有可與之相提並論的傳統文化，依據現存文本可以追溯到公元前四世紀中葉。例如，鄒衍先於芒德人博盧斯(Bolus of Mendes)[8]，李少君先於休多—德謨克利特，葛洪與索西穆斯，孫思邈與亞歷山大的斯蒂芬納斯(Stephanus of Alexandria)[9] 時代相近。但是，古希臘亞歷山大文化與中國秦漢文化傳統截然不同。古希臘文化致力於「點金術」研究，堅信從其他物質中可以煉製出黃金；而中國文化則沉迷於「長壽秘訣」的探索，即相信靈丹妙藥可以使人長生不老。無可置疑，正是具有中國特色的神仙不死的思想讓人們滋生出這種想法。「長壽法」(macrobiotics)一詞來源於希臘文，希波克拉底(Hippocrates) 有句名言，他說生命短暫而藝術永恆(ho bios

5 休多—德謨克利特，公元一世紀的希臘原始化學家。

6 索西穆斯，公元四世紀古希臘化學家和系統分類學家。

7 奧林匹多魯斯，公元六世紀拜占庭時代的原始化學家和作家。

8 博盧斯，生活於公元前二世紀的古希臘作家，專攻自然史和原始科學研究。

9 亞歷山大的斯蒂芬納斯，公元三世紀古希臘化學家。

brachys, hē techrē makrē），於是“macro”加上“bios”就構成了“macro-biotics”，意指長壽的藝術。另有一個由拉丁語派生而來的詞語“prolongevity”與之意義相近，但我們更樂於採用“macrobiotics”這個詞。

除此之外，中西方文明中都產生過「點金術」，即利用價值低廉的物質來偽造黃金、珍寶等貴重物品。在這一領域，中國人再次遙遙領先，早在公元前144年中國皇帝就已明詔天下，嚴禁偽造黃金；而西方直到公元293年，才有一位羅馬君主戴克里先(Diocletian)制定了與之相當的法令。當然這些傳統工藝並非全是欺瞞眾生；中世紀早期，拉丁語主宰的西方世界繼承並發展了這種工藝，然而法蘭克人和拉丁民族對中世紀化學其實一無所知，直至十三世紀末羅傑．培根時代才漸漸有所了解。

長生不老思想西傳

無可置疑，長生不老的思想是經由阿拉伯煉丹師居中傳遞才最終流傳到歐洲的。“Aliksir”一詞本身就出自阿拉伯語，既指人類服用的藥品，又指金屬實驗藥品，不過中文裏相應的詞匯聽來更為有理。於是當純指點金術的「哲人之石」(philosopher's stone)一詞又增添了長生不老藥的內涵後，就為歐洲十六世紀的帕拉切爾蘇斯（Paracelsus）為首掀起的藥物化學運動掃清了前進的道路。許多化學家和生物化學家，包括我本人在內都認為儘管帕拉切爾蘇斯曾説過許多無聊的胡話，但他還是有資格躋身當代科學先驅之列，與伽利略（Galileo Galilei）、哈威（William Harvey）並駕齊驅。他最著名的理論就是：「煉丹之術志不在煉金，而在煉製治療人類疾病的良藥。」於是現代科學發展早期，李少君和葛洪倡導的思想得以發揚光大。

毋庸置疑，古代世界確有一條亞洲中轉線，公元前320年亞歷山大大帝征服天下後得以飛速發展，而公元前110年張騫出使西域進行貿易交流，又進一步促進了亞洲文化傳播。它被擬人化地稱作米堤亞人奧斯坦斯，因為據説休多—德謨克利特的老師，以及其他許多古希臘化學家或原始化學家都是波斯人，故此東方文化的影響一定是途經伊朗才傳入古希臘的。

也許我們永遠探尋不出究竟是甚麼途徑將鄒衍和芒德人博盧斯、休多—德謨克利特連在一起；我們力所能及的只有加深對雙方的了解。點金術與煉金術很可能本是互不相干、各自為政的兩種研究課題，東方集中在長安，西方集中在亞歷山大。我們不了解兩地之間有何相互影響，但無疑確有一些思想傳到了西方，比如"chemeia"一詞的來源或許就是一例，它的意思是「煉金術」，曾令絲綢之路的客商興奮不已。希臘文中找不到與"chemeia"意義完全對應的詞匯，我們聯想到詞根"chem"來源於中文裏的「金」字譯音，根據各地不同方言可以拼作"chin"、"kim"、"kem"或者"gum"，正是出於這一聯想我才談到「煉金術」。另一條來到西方的思想是關於自然元素性質的好惡的思想，它強化了化學反應中陰陽性質嬗變的概念，把化學反應視作萬物起源。或許還有陰陽投射思想也一起傳到了西方。而神仙可以長生不老的基本思想卻沒有一同西來，直到一千二百年後，西方人才漸漸相信服用靈丹妙藥可以延年益壽。這是因為當時歐洲更需要那與之迴異的末世學（譯注：末世學是指宗教中研究死、末日審判、天堂和地獄的學問。）研究，而且中國煉丹術強調時間觀念，這在西方人心目中難以產生共鳴。人們根本不相信礦物與金屬具有醫療價值，更不可能相信《易經》裏闡述的自然力量系統的理論，只有到現當代才能流傳國外。反之亦然，希臘原始化學的基本思想在於探求死後復生的奧秘，這種研究動機同樣無法在中國出現。但是蒸餾提純的想法卻在中國找到了市場，儘管原本只不過是促進了它的傳播，因為中國的蒸餾設備畢竟與西方的大相逕庭。談到生物類比分析的問題，西方重視的是物質的發酵作用，而中國則關注世代繁衍。

無論如何，雙方畢竟還存在共同認識。譬如雙方使用的大多數化學試劑（硫磺、水銀，以及各種鹽類）就是相同的；實驗時都把「氣」看成類似於希臘咒語一般的東西，還有許多類似的自然界的變化作用，雙方見解都是相同的。最終還有一件有趣的事實，即希臘—埃及文明裏的原始化學家和中國的煉丹師都不太重視原子理論，而是把它留給希臘—羅馬時代的哲學家、印度學者和佛教信徒去探討。雙方的溝通方式存在缺陷、有待完善；但又有人爭辯說，二者之間根本不存在知識的交流，甚至沒有溝通所學的意願。依據我們已經掌握的素材判斷，這一論點根本站不住腳。

公元635至660年間，阿拉伯沙漠裏的部落民族在先知穆罕默德(Muhammad)激勵下決心甩掉貧困，享受富足生活。他們蜂湧到具有悠久文化歷史的周邊地區，於是一個語言文化獨特的嶄新文明誕生了。就如我們所了解的，這個文明注定要繼承多數古希臘科學技術成果，在適當時機下傳到拉丁民族主宰的西方世界。這是一個吸收、豐富和區域轉移的過程，正是由於伊斯蘭人不僅佔領了近東與中東地區，還佔領了北非和西班牙，才使這一歷程得以順利進行。可以說其文化疆域一直延展到了東方，與印度和新疆邊境接壤，覆蓋了東至羅布泊以及乍得至裏海的大片土地。由此不難理解，古希臘文明並非唯一注入伊斯蘭文明湖泊的知識長河；她同樣兼容了波斯和伊朗文化傳統，於是來自印度和中國的文化影響浩浩蕩蕩、源源西流。當阿拉伯文明自身也開始關注化學問題的時候，就為古希臘原始化學領域平添了無數新葩。

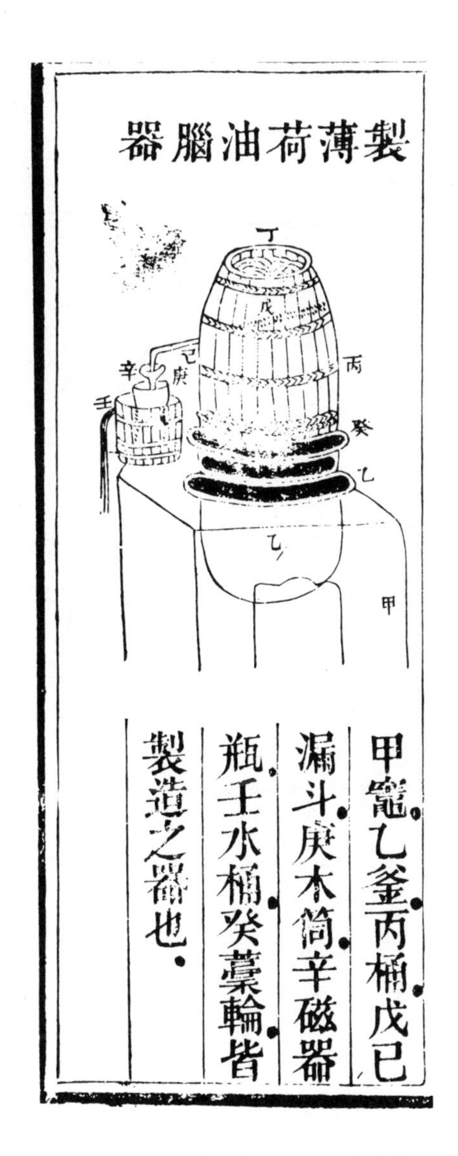

圖十四：中國傳統蒸餾儀器，取自《農學纂要》

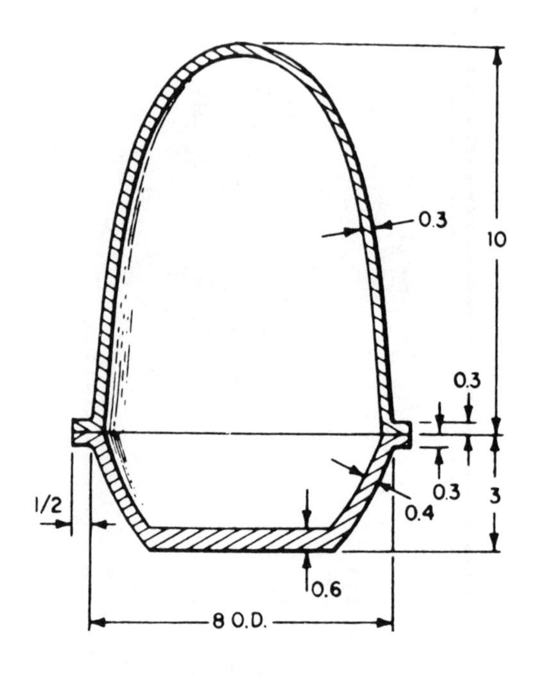

圖十五：孫思邈所製梨形昇華器的推測復原圖，約製於公元600年

圖十六：用乾餾釜提純水銀，取自《天工開物》（公元1637年）

圖十七：沉鉛結銀圖，取自《天工開物》

沉鉛結銀

圖十八：利用鉛將白銀和銅分離開來的熔析過程，取自《天工開物》

分金爐清銹底

阿拉伯煉丹術

實際上，直至九世紀阿拉伯才真正開始涉足「煉丹」技術。（譯注：在英語中，煉丹術與點金術是同一詞，以下譯文中以文本背景為據翻譯。）上個世紀末找到的一份資料可以説意義非淺，其中詳細記載了一位阿拉伯使節在拜占庭親眼目睹的「點金術」過程。這位使節名叫烏馬拉．伊本．漢扎（Umara ibn Hamza），[10] 公元772年他受命於國王卡利夫．曼舒（Caliph al-Mansur）[11] 出使國外。在拜占庭的皇宮內院的秘密實驗室裏，他列席觀賞了一次示範表演，親眼目睹一種白色試劑將鉛變化成銀，一種紅色試劑將銅變化成金。故事是公元902年前後一位來自哈馬丹的伊本．法奎（Ibn al-Faqih）[12] 口述的。他的結論是：正是這次意外收穫激起卡利夫對煉丹術的興趣。我們找不出甚麼特別的理由不予置信，但第一項真正誘發阿拉伯人的好奇心的化學實驗是否就是這次點金術表演卻令人心生疑竇，因為至少就我們所知，人類很早就開始探索長壽之道，而且發源於世界的另一端。長壽研究當始創於東方，始創於中國，我們知道早在公元690年巴士拉等地的居民

---

[10] 烏馬拉．伊本．漢扎，公元七世紀阿拉伯使者，對煉金術感興趣。

[11] 卡利夫．曼舒，阿比斯王朝的統治者，生活於公元759–775年。

[12] 伊本．法奎，多產作家，生活於公元900年前後。

就已開始談論長生不老藥的問題了，相對於阿拉伯文明而言，這一年代未免太古老了。阿拉伯煉丹術達到全盛時期時，如潮水一般湧現了大量書籍，作者名為查比爾．伊本．哈揚(Jābir ibn Hayyān)，[13] 成書年代可確定為九世紀下半葉至十世紀上半葉之間。這位查比爾先生給我們帶來了許多麻煩，大家或許知道，拉丁民族中還有一位「加伯」(Geber) 先生，我們曾一度猜測「加伯」是「查比爾」的譯音，但如今已知完全不是這回事。加伯於十三世紀末，約公元1290年前後開始用拉丁文創作，二者之間毫無關聯。沒有任何跡象表明加伯的作品譯自阿拉伯文字，而且其中大量內容查比爾並不了解，故而兩部作品毫不相干。查比爾的著作最終匯集成為一部形式類似於《道藏》的全集，全書約有一千四百卷。這部全書實則是由許多具有同樣哲學觀點的寫作人共同創作而成；沒有一冊早於公元850年，全套作品約在公元930年前後結稿。是否確有查比爾．伊本．哈揚其人尚待商榷，但如果史學界接受了這一人物的存在，那麼他生活的年代距離公元720至815年不會太遠，或許再晚九十年。此外，現存的這些書冊是不是他親筆撰寫的，也仍然是件未了公案。

當你回首阿拉伯當年的煉丹術時，你會發現自己置身於一片

[13] 查比爾．伊本．哈揚，約生活於公元776年前後，被稱作阿拉伯煉丹術之父。

完全異於古希臘原始化學的天地，儘管希臘文化的影響無處不在、根深蒂固。精闢地說，化學研究不再以點金術和煉金術為主，那是因為在歷史畫卷中，中國長壽之道與化學療法是如此的引人注目。隨之出現了大量生物學產品和物質，它是藥理學更關心的焦點，與醫藥學有更緊密的聯繫，同時也是一切生命現象研究的當務之急。理論的角色也更為重要了，因而儘管阿拉伯煉丹術的理論基礎往往基於任意假想，在今天看來簡直不可思議，但阿拉伯煉丹術仍然比希臘原始化學更為精確、更合乎邏輯。

元素平衡

在此，我們沒必要深入探討查比爾煉丹的問題，只能說他借鑑了亞里士多德的冷熱乾濕四大原則，把這些視作萬物實質性元素。他確信物質兼有內在與外在屬性——譬如金這種物質，外部潮濕溫暖，而內部乾燥寒冷。將一種物質置換為另一種物質時，就如點銀成金，只需引發二者之中價值較低廉的金屬的內在屬性，將之表現到外在即可。通常而言，每一種化學變化都依賴於內在屬性與外在屬性的基本元素的混合物（阿拉伯人稱之為"mizaj"）。他們認為金的基本元素比例極端平衡，所以如果人體的基本元素，即混合物，也可以達到極端平衡的話，此人就可以長生不死，變成一塊黃金，就永遠不會涉足冥界或稱陰間。阿拉伯人堅信，這種人當然就是《聖經》中記載的長壽民族。

改變元素比例平衡狀態，通過元素嬗變將一種物質轉換為另一種物質的藥劑，它們非萬應靈藥莫屬，而靈丹之中又有一種藥效最高的，它有本領中和現有元素，消耗過剩元素、補充不足。

源於中國的影響

同時，説查比爾的阿拉伯煉丹術比古希臘原始化學先進還因為其分類方法更加清晰合理。例如，他們記載了五種醇類物質或稱揮發物質、七種金屬和大量可研成粉末的礦物質，物質又分為礬類、硼砂、鹽類、石類等等。在這一方面阿拉伯人超越了希臘人，其古典文化中，硫磺、汞和砷這一類易揮發物質又增添了一個新成員——氨，其存在形態是氯化氣。事實上，阿拉伯人遺留的著作中自始至終就以了解和應用氯化氨和碳酸氨為特色，這兩種物質前者是來自中亞天然資源，後者則是用毛髮和其他動物身上的物質乾燥滴注而成。不管怎麼説，這些知識學自中國是鐵一般的事實，因為天然氯化氨產自新疆，尤以新疆境內的火山地帶最為豐富；而且是中國人向阿拉伯人介紹了硇砂知識。兩種語言中氯化氨的名稱聽來也是如此相似，我們可以斷言阿拉伯語的“nushādir”就是來源於硇砂的中文讀音。

在阿拉伯文明興盛的幾個世紀裏，實驗儀器也得到一定發展，此外已知鹽類又添新丁——即硝酸鉀或稱信石，即硝石。它是阿拉伯人從中國學習來的第二種最重要的物質；即如所見，在發明與利用人類所知的第一種化學爆炸物——火藥中，硝石是具有決定意義的基本元素。

談到易揮發物質，有一種思想認為各種金屬都是由硫磺、汞（或稱硫珠）以不同比例化合而成，並且埋在土壤深處年深日久之後才自然形成的。當時阿拉伯煉丹師頭腦中已形成了這種思想的雛形。現有漢語文本中，雖然仍然找不到相關的闡述，以便證明所有金屬都是由硫磺和汞構成的，但中國煉丹術中這兩大元素無可比擬的重要地位恰恰表明這種想法起源於中國，對阿拉伯煉丹師具有深遠影響。

阿拉伯文本資料中載有各種各樣有趣的文字，暗示所記述的事物來源於中國。例如，先哲穆罕默德曾有大量無可置疑的名言流傳於世，其中一段言道：「追尋知識就要跋涉四海，哪怕遠在中國也要堅持到底。」此後納丁（al-Nadīm）[14] 在《科學類別》一書（公元987年）中煉丹術一章裏寫道：

---

[14] 納丁，死於公元995年，著有《科學類別》，其中大量內容對阿拉伯科學家的研究和寫作大有裨益。

我，穆罕默德·伊本·易司哈格（Muhammad ibn Ishag）最後必須補充說明：研究煉丹術的書籍卷帙浩繁、涉獵廣泛，難以全部記錄在案，並且不同作者還在不斷重複寫作這些內容。埃及煉丹師和學者為數眾多，以致有人說該國才是科學誕生的搖籃。設有實驗室的廟宇座落在那裏，猶太女子瑪麗也曾在那裏工作。但又有人或曰這種技藝的探討起源於波斯，或曰是希臘人率先投入類似實驗，又或曰煉丹之術源於中國或者印度。「唯有安拉（Allah）知道事實真相。」

故而這一時代裏，無論古希臘原始化學的影響如何巨大，想來不僅伊朗文化產生過煉丹技術，東亞各文明也必然都產生過這種技術。那麼此後發現赫爾墨斯（Hermes）其人居然也可以視作中國居民就不那麼令人詫異了。十二世紀一位西班牙籍穆斯林伊本·阿法拉斯（Ibn Arfa' Ra's）[15] 寫過一封匿名信，信中說：

赫爾墨斯真名叫埃納（Ahnu）〔又名伊諾克（Enoch）〕。據〈黃金粒子〉一文作者指出他居住於中國北方，文中還說赫爾墨斯在中國大地上照管礦業開採，而阿雷斯（Ares）〔極可能就是霍拉斯（Horus）〕探究出了水災來臨時保護礦業工作

[15] 伊本·阿法拉斯，公元十二世紀阿拉伯煉丹師。

區的方法。阿雷斯居住在中國南部，是第一批來到印度定居的人。此外還說埃納（願他安息）走下高原、而至低地、而至印度，最後沿錫倫迪布〔即錫蘭〕的一條河谷逆流而上，終於來到亞當（願他安息）繁衍生息的那座島嶼的山上。他因此找到了一座大山洞，命名為珍寶洞。

這封匿名信的有趣處不僅在於它融合了完全不同的兩種宗教信仰，而且信中提及了氯化氨和「重合」工藝（即用價值低廉的金屬熔合黃金稀釋物，它是希臘人喜聞樂見的化學過程）。而後稍晚時候又發現了一部早於查比爾時代的書籍，該書作者不詳。書中記載着拜占庭皇帝迪奧多勒斯（Theodorus）與一位據說來自中國南方的煉丹內行霍拉斯之間的一番探討。至於「北方」與「南方」之說與馬可．波羅時代的中原人、南蠻子有何聯繫，恐怕尚待思索。

化人——化學的鼻祖？

另一項與化學發明相關的著名文化交流是由一位名叫化人的中國人完成的。拉什德．丁．罕達尼（Rashid al-Din al-Hamdanī）[16]

[16] 拉什德．丁．罕達尼，著名阿拉伯歷史學家，死於公元1318年。

在公元1304年結稿的史書中談到周穆王時代傳說中的駕車人造父的輝煌業績，而後言道：「當時有一個人名叫化人，他開創了化學科學研究，對毒藥知識無所不知，可以瞬息之間變換自己的外貌。」文中暗示化人其人只可能是中國人。要想清晰了解拉什德·丁的資料，必先了解兩件事：其一，有兩位中國佛教物理學家曾幫助他和他的助手，一位名叫李達池（Li Ta-chih），[17] 另一位名字不詳；其二，他依據的是中國史學著作中一種鮮為人知的流派——即從佛教角度出發，以儒家史書構架全面、具體描寫佛、阿羅漢和菩薩的生活作品。《歷代三寶紀》是這類文獻的第一部，成書於公元597年，作者是費長房；[18] 但與拉什德的史著年代最為接近的要數僧人念常[19] 的作品《佛祖歷代通載》，成書於公元1341年。

書中談到化人時說道：

> 穆王執政時西來一「能士」：可顛倒山嶽，可使江河倒流，可移轉城鎮，可赴湯蹈火，可洞穿金石。此人變化多端、可以萬數。穆王以聖賢之禮待之，並築中天塔供此人居

---

17 李達池，公元十三世紀中國佛家醫師。

18 費長房，公元六世紀中國佛家史學專家。

19 念常，公元十四世紀中國僧侶和歷史學家。

住。此人相貌端嚴，具菩薩之相，與文殊、普賢兩位極其相似。然穆王不知此人恰是佛祖駕前親傳弟子。

這段故事聽來並不生疏，因為它不過是將《列子》第三章篇首故事改編濃縮而來，故而可以確定發生於公元前三世紀至公元四世紀間某一時間。歷史上肯定沒有化人其人，但化學工藝匠人並不具備如此入微的分辨能力，於是在當時他自然而然成為藝術、手工藝和化學變化之學的鼻祖和保護神。

當然，《列子》等著作中所談的「西方」並非意指歐洲或羅馬帝國，而是傳說中女神西王母轄下、西藏或者新疆附近的神仙福地。周穆王曾經拜見過西王母，此事聞名於世，見諸史策。實際上古書《穆天子傳》所載主要就是這個故事，此外《列子》一書中也曾提及此事，數百年既往，當真正的西方人，例如拉什德．丁一行人，終於知道有這樣一段故事的時候，故事的所有情節都已蕩然無存，同時他們還認定這位化人確有其人，就是一位精通化學知識的中國人。我向諸位講述這段故事的始末，是因為早在十四世紀初西方人就時常把這個故事掛在嘴邊，津津樂道。

中國與阿拉伯的交流

就此事我們可以進行多方研究，探討中國與阿拉伯之間的聯繫問題。例如，人人都會注意到千百年以來，阿拉伯與中國之間進行過頻繁的文化交流。可以看到多少伊斯蘭世界最優秀的學者都從華夏文化統轄地域的周邊國家來到中國。儘管這些人在伊拉克或埃及大都市裏事業已經非常發達了，他們還是肩負起將祖國當時的思想傳遞到中國的重任。

我們驚異地發現，早在公元741年塔拉斯河之役以前二、三百年，中國皇帝的政治勢力已然波及拉克薩提斯河至奧克修斯之間的花拉子模地區，一直到鹹海的廣闊疆域。許多諸如代數學家花拉子密(al-Khwarizmī)這樣的學者都來自這些被保護領土。(人們總是可以從他們的外貌辨別出他們的原籍。)有趣的是他們肯定在中亞地區接觸過中國思想。於是又出現一項任務，就是嘗試在古老的絲綢之路上找出那些曾一度成為思想意識集散中心的地點。我們無法在今天一天完成所有這些工作，但我願意再講述幾則唐宋時代的胡商和波斯、阿拉伯等地商人的小故事。當然，無論來自埃及、伊拉克、伊朗還是中亞地區，商人大多都是穿越了古代絲綢之路、跋山涉水才來到中國的，而且唐朝時期外國人和舶來品遍佈全國，因而他們的行蹤並沒有局限於廣州等海濱港口城市裏的外國人聚居區，中國境內也沒有哪一個城市對胡人客商感到生疏。胡人女子多以舞蹈、僕役、表演為業；唐代雕塑中也能找到胡人馬夫的形象，他們替唐朝君王管理馬匹和駱駝。據説久居長安城就能見到當時所知的世界各國的使節。不僅可以碰到安息人、米堤人、埃蘭人和美索不達米亞居民，還可以與韓國人、日本人、越南人、藏族人、印度人、緬甸人和僧伽羅人並肩前行——由此大家一齊努力、共同創造出一道獨特的世界風景和奇跡。要想了解國人眼中如何看待這些外來客，我們可以找出大量資料可供參閱，因為幸運的是公元972年宋太宗下旨匯集民間野史、人物傳説和短小故事，這是當時出版大百科全書和各種文獻全集的整體計劃中的一部分。這部書就是李昉編輯的《太平廣記》，此書於公元978年問世。書中的記載究竟有多少是以史實為依據，現在已經無法説清，但無可置疑其中很大部分純屬虛構。不過目前這一點無關緊要，因為書中文字清晰地描述了唐朝與五代時期文人墨客眼中胡人客商是怎樣一副模樣。

胡人往往對煉丹術和道家思想深感興趣，善於辨別點金術或煉金術製成的黃金；他們醉心於工藝研究，不僅如此，還極其關注長生不老藥和生理煉丹術。因此，就像薛愛華（Edward

Schafer)[20] 所說的那樣，中國的胡人客商富足而慷慨，扶助青年，勤於研究，珠寶、礦藏和貴重金屬方面的知識極為淵博，行事常常令人迷惑不解，而且具備魔法和神秘力量。那麼，就來看看其中的一兩位吧。

胡人客商的有趣故事

公元806至816年間的一篇記載中寫道，有位名叫王四郎的年輕人精通化金之術，即人造黃金技術，於是他贈給自己的叔叔一錠化金解，決了叔叔的財政危機。據說西方來的阿拉伯和波斯商人都爭相購買這錠假金。此物價格沒有封頂，隨王四郎所喜任意要價。另一則故事發生於公元746年，傳說一位名叫段恝[21] 的人在魏郡一家店鋪裏遇到一名客商。這名商人帶有十餘斤貴重藥材，這些藥有延年益壽之功，並可助人辟穀。其中某些藥材極為罕見，但他還是每天趕集詢問阿拉伯和波斯商人是否手中有貨。於是在這篇故事中，胡人藥商已經直接參與了和中國特有的生理

---

[20] 薛愛華，著名美籍漢學家，著有《撒馬爾罕的金桃子》(*The Golden Peaches of Samarkard*) 和其他幾部有關唐代文化的作品。

[21] 段恝，公元八世紀的藥物學家。

煉丹術有關的生意。此外還有一位李灌的故事，一名波斯商人彌留之際贈之以寶珠以答謝他的善良幫助，李灌收下贈物後決定將此珠放入死者口中；多年以後當棺木重啟時，人們發現由於珍珠尚在死者口中，屍體絲毫沒有腐變。

另一則故事是關於太白山上魯姓、李姓兩名道教大師鍛煉體質、修習氣功的。其中一位以煉金之術發家致富以後，將一枚煉金棒贈予另一位，説此物可在揚州城內波斯店鋪裏賣個好價錢；事後證明此言不虛。顯然，胡人客商遇到珍奇寶貝的時候非常識貨。

接下來再講講杜子春[22]的離奇故事。據説，這個姓杜的年輕秀才整日裏游手好閒、無所事事。一日他在長安城西方人市場裏的一家波斯小百貨店裏偶遇一位奇怪的老人。他與這位老人非常投緣，於是從此不再受飢寒之苦，過着舒適富足的生活。然而時隔不久，他發現原來這位奇怪的老人有求於他，要他協助煉製一種長生不老藥。有一幅畫描繪的就是杜子春遠走他鄉，來到華山腳下、距都城約十四里的地方；圖中大廳裏一位老人穿着道士法衣，有一隻煉丹爐，爐高九英呎，正噴吐着淡紫色的霧氣，透過水氣隱約可見九位身披青龍白虎徽幟的玉雕少女。然而故事寫到

[22] 杜子春，公元八世紀的煉丹師。

此處峰迴路轉，寫道杜子春服用藥物後面壁打坐，沉思中他發現自己經歷了佛家各層地獄種種痛苦煎熬，最終重新投胎轉世，而後一種突如其來、無法控制的情感終於幫他解脱了符咒的魔力。杜子春未能控制這些恐怖的幻覺就蘇醒過來了，於是原本可以使他和那位波斯老人得道成仙、長生不老的實驗以失敗告終。

綜合以上所有論據來看，似乎真相已經大白：至少在凡人眼中，唐代的波斯商人和阿拉伯商人對中國煉丹術中冶金和長壽之道深感興趣。從這一角度看去，中國思想一定尋到了西去之路，她與阿拉伯文明繼承的古希臘思想結合一體的説法似乎確實言之成理。無人嘗試過將《道藏》中任何一部典籍譯為阿拉伯語，但這一點無關緊要。可以想見這一工程將何等艱巨。我們所期待的不外乎在某處找到一種新型物質，幾條或已理解、或無人理解的理論，以及一個不曾被人誤解的偉大的根本性概念——即化學反應可以創造奇跡，賜予人生命，延年益壽。

如果你樂於和中國境內的胡人客商中的當代博物學家打交道，不如考慮和四川李家交朋友。李珣[23]一家本是波斯人，隋朝時定居中國，約在公元880年前後遷居四川。他家經營批發生意，擁有船舶，也是香料貿易商隊的贊助者。李珣不僅詩名赫

[23] 李珣，公元九世紀的藥物學家。

赫，而且精研藥物、香料和自然史學，著有《海藥本草》，記載南方海外諸國出產的植物與動物藥材。此書與公元八世紀鄭虔[24]著述的《胡本草》內容相似，遺憾的是兩部作品都未能完整保留下來。李珣幼弟李玹[25]更堪稱為煉丹家，他終日埋首研究砒霜等藥物，研究香料油及其提取方式；此外他還是位棋壇高手。這些都是四川前蜀朝的事，兄弟倆還有位小妹李舜絃，詩風典雅，是當時朝中女官。此外還有一位胡人醫師李密醫，或許與他家並無關聯，雖然他也姓李；這位醫生於公元735年東渡日本，親自參與了奈良時代的文化復興運動。

阿拉伯人的信念——創造生命

現在一則格外超乎尋常的故事又隨之而來。阿拉伯煉丹術中的重要主題似乎從未恰如其分地着眼於長壽研究這一原則，這一重大主題就是所謂的"*'ilm al-takwīn*"——「人工繁衍科學」。它不僅與礦石、礦物的再生以及賤金屬中創生貴重金屬有關，還與動植物、甚至人類的人工無性繁殖有關。不可以將這些想法當作中世紀時代

---

[24] 鄭虔，公元六世紀的藥物學家。

[25] 李玹，公元九世紀的煉丹師。

的胡說八道拋諸腦後，因為你能從中洞悉當時人的思想，而且正是這些思想啟發了世代流傳的傳統文化意識。那麼，讓我們看一看號稱現今最清楚直白的文獻資料：查比爾全集中的*Kitāb al-Tajmī'*如何評價這一不同凡響的進步吧。公元九世紀，阿拉伯人的主導信念之一就是仿效造物主創造世界那樣，人工創製礦物、植物、動物、乃至人類本身和先知先哲。一位作者寫道：如果你成功地合成了一樣甚麼東西，當然會猜測世界上或許真有這樣一個地方，在那兒，靈魂與物質合成一體。以你自身而言，孤立的事物可以替代你的四種天性，你可以任意將之改變為自己喜歡的形式。聽起來似乎化人重生了。

煉金術不過是這一整體理論的特例之一而已。認為可以人工繁殖動植物的想法並非僅僅局限於查比爾時代的學術圈，廣大平民百姓也都深信不疑，到處議論紛紛。因而必須嚴肅看待這種思想，而且在實踐活動中，展現出許多令人眼花瞭亂的分支思想。例如，一次實驗過程中，一隻獸形玻璃器皿(即意圖創造的動物的玻璃模型)裝有精液、血液、即將繁殖的生物的各部分肢體，再根據平衡方法混入精心配製的適量藥物與化學藥劑。所有這些都被密封在天體模型渾天儀的正中(阿拉伯人稱之為qura'，我們稱之為渾儀)——那是一具由機械裝置推動下永恆運動的球體。同時渾儀下方用微火，也就是指溫火加熱。假如加熱時間不夠，或是超過了預定時間，都無法取得成功。顯然從來沒有哪一次實驗時間掌握得恰到好處，因此奇蹟從未發生過，然而事實並未動搖人們對實驗過程的信心。甚至有人斷言，如果用上所有科學知識，這些儀器肯定可以創造出高級生命。

我們有把握説，帕拉切爾蘇斯（Paracelsus）筆下和《浮士德》中的何蒙庫魯茲（Homunculus）就源出於此。但是如果讓奧爾多斯·赫胥黎（Aldous Huxley）發現他在《美麗新世界》（*Brave New World*）裏描述過的可以演變為胚胎的分裂球和人工培養試管嬰兒的夢想，阿拉伯古代煉丹師居然早已預言過，他會多麼震驚，我們可就説不清了。

這些試驗設備都不具備古希臘特色，反倒處處讓我們聯想起中國的渾天儀和天球儀，那是兩種用水力推動旋轉的永動儀器，專門用於中國天文學領域赤道和磁極的研究，而不是像西方天文學儀器那樣用於研究黃道和行星。同時我們還回憶起印度文化中也有相似的理論，尤其是與永動理論相關的思想尤為相似。關於旋轉的天文儀器權且談這麼多吧。

談到無生命事物成活的問題，學者在探索古希臘的過程中早已充分利用了他們的聰明才智，然而他們只不過發現了一些自然繁殖、自動木偶以及促進塑像通靈的宗教儀式，此外一無所獲，而這些發現都未能中要害。希臘—埃及文明裏有許多關於會説話的雕像和旋轉不停的立柱的傳奇故事，這些傳説當然都流傳到了阿拉伯；然而即使這點榮譽也要與中國人分享，因為中國文化中涉及自動偶人的傳奇故事也相當繁多，其中有些裝置如周穆王時代的機械人道士幾乎已是人造的血肉之軀了。至於實踐方面，古希臘與東亞孰優孰劣，我們又一次不必抉擇，這種現象已經屢見不鮮了。這是因為中國和日本國內早有現成的神祇、羅漢、菩薩等宗教形象，甚至在塑像體內還填充了內臟模型，日本現存佛像中就找得到這樣的例證。此外還有故事傳説塑像點睛後可以通靈。我們只能歸納出這樣一個結論：阿拉伯人不必因為希臘人了解自然繁殖、機械操縱的假人或是宗教雕像通靈的事而唯古希臘文化是從。

長生不老藥的作用

不，根據我們的理解，阿拉伯人從帽子裏變出野兔的戲法的根本特色在於向球心容器內的動物軀體上添加化學物質，這些物質就是長生不老藥之類的東西；而這一偽科學實驗的全部過程，也不過是又一次別出心裁地試驗活命仙丹藥力如何而已。實驗中內有中國的靈丹益壽思想，外有中國的永動宇宙模型為輔。除此之外，地中海地區文明中有關這一課題的某些早期思想也起到了一定作用。

因而，我們一般認為利用化學方法賦予無生命的事物以生命的實驗是阿拉伯人應用東亞國家特有的假想的一個特例，這個假設就是：通過化學方法可以使生命永恆不朽。這讓我回憶起公元前四世紀的公孫綽，他以中國人典型的樂觀態度說道：「要知道，我可以治癒偏癱。如果藥量加倍，我就可以讓死人復活。」綜上所述，我們認為阿拉伯煉丹理論可以稱作是道家服用化學物質可以延年益壽、長生不死的思想，與蓋倫派醫生測試藥物療效的方法的有機結合，合乎人體元素平衡理論（希臘語中稱之為"krasis"、"mizaj"或"'adal"）。

一般而言，阿拉伯煉丹師十分重視與古希臘文學和傳統之間的聯繫；讀過阿拉伯文字資料之後，主要印象確實如此。但是即使他們讀的確乎是希臘書籍，他們談論的卻又是波斯、印度等國，尤其是中國的思想與實踐活動，因為這些國度的文本資料從未有過阿拉伯文譯本。可以說，中國的長壽研究似乎是經過過濾之後才傳入西方的。過濾後，有關地球上、雲端、星際間居住的生命可以長生不死的思想被留了下來。畢竟，穆斯林的樂土只與基督徒的天堂相仿。但無論如何，某些具有關鍵意義的細微想法還是鑽過了這層濾紙，得以西行。其一，承認化學方法可以促進長壽，《舊約》中猶太先民的例子恰恰證明了這一點；其二，期望永遠保有青春；其三，推測人體四大元素極端平衡狀態是有可能成功的；其四，將延年益壽的思想擴展為用人工繁殖的方法創造生命；其五，治療疾病時肆無忌憚地任意使用長生不老藥。大量作家都認識到古希臘原始化學發展的整個過程實則以冶金術為主——我們應當說是點金術或煉金術，而阿拉伯人深深着迷、醉心研究的是藥物性質，這與中國煉丹術研究實無二致。於是葛洪、陶弘景和孫思邈的思想後繼有人了，而且為數眾多、碩果累累，其中有肯迪(al-Kindī)，[26] 有以查比爾為名的大批學者，有拉茲(al-Razī)，[27] 還有伊本·西拿(Ibn Sīnā)。[28] 雖説沒有任何一種生物跨出查比爾·伊本·哈揚的渾天儀育嬰箱，但是如今已經取得豐碩成果的化學療法卻肯定誕生於中國—阿拉伯傳統文化，而帕拉切爾蘇斯就充當過接生婆的角色。

假若我所描繪的歷史畫卷整體而言準確無誤的話，那麼在拜占庭王朝一定能找到有關長生壽考、延續天年和長壽之道之類的思想。事實確實如此，公元1063年麥克爾·塞留斯(Michael Psellus)[29] 完成了巨著《宇宙志》(*Cosmographia*)，其中專有一篇是描寫皇后狄奧多拉(Theodora)統治期間公元1055至1056年間的

---

[26] 肯迪，阿拉伯煉丹師，死於公元873年前後。

[27] 拉茲(公元865–925年)，阿拉伯知名煉丹師、內科醫生。

[28] 伊本·西拿(公元980–1037年)，即阿拉伯醫生阿維森納(Avicenna)。

[29] 麥克爾·塞留斯，一位關心原始化學的拜占庭史學家。

故事的。幾位修道士信誓旦旦地對她說，只要遵循他們的種種指導就能長生不老。其中有幾位修道士可以像道家說的神仙一樣在雲中漫步，無所不能。他們預言女皇將萬壽無疆，然而實際上就在此後不久，她執政的第二年女皇就香銷玉殞了，享年七十六歲。看了這則故事，似乎歷史已經明白如畫：狄奧多拉肯定深受一群拜占庭修道士的影響，這些出家人自稱身具延長壽命的本領。整個故事內容頗具道家、蘇非派(Sufi)，[30] 甚至西迪門(Saddhi)[31] 的特色。

大約二百年前，馬可．波羅口述了他對印度瑜伽修行者的看法，由魯斯蒂仙努斯(Rusticianus)[32] 記錄下來。在此我將引用其中一段原文。他說道：

> 這些婆羅門與世上任何人相比生活得都更為長久〔也就是說他們壽命最長〕。他們的長壽源於不吃不喝、絕對禁欲，這一點他們比其他民族更為貫徹。婆羅門中有些人是職業僧侶，有品級之別，他們根據自己的偶像信仰在不同的寺廟中

---

[30] 蘇非派，伊斯蘭教中崇尚禁欲主義和神秘主義的派別。

[31] 西迪，譯音，南亞泰米爾人魔法師，可以通過打坐靜思取得閱人思想、隱身等神功。

[32] 魯斯蒂仙努斯，馬可．波羅同獄囚友，他在公元1298年就馬可．波羅的中國之行和旅居生活寫了一部書。

> 修練。這些人稱作瑜伽僧，他們的壽命肯定比其他人長久，大約可以活至150到200歲。他們的軀體絲毫無損，可以來去自如，寺廟執役和敬香禮佛的所有事務也完全可以勝任；即使垂老之年還是一如往昔，彷彿依舊年輕。下面，有關這些長壽的瑜伽僧的飲食，我又要解釋幾句了；對你們而言，這件事很不平凡，值得一聽。告訴你，他們把水銀和硫磺混合在一起，摻上水製成飲料；他們喝了以後說這種飲料可以延年益壽，他們長壽全賴此物，他們每週喝兩次，有時每月兩次。可以知道這些人自幼就開始服用以便長壽，而且絕不會有錯，那些果真長壽的人肯定服用了水銀加硫磺的飲料。

這篇文字的趣味特別體現在文中明顯含有營養衛生學和長壽藥物學的成分。李少君的朱砂在魯斯蒂仙努斯的拉丁文書籍中恢復了生命力。說來，馬可·波羅與羅傑·培根生活在同一時代。他在公元1275年抵達中國，公元1292年離開並前往印度(同年培根去世)，公元1295年返回意大利。當然，馬可·波羅所知的一切並沒有像如今平裝書成批生產那樣的速度迅速傳開，但讀者也相當廣泛了；而且他所陳述的亞洲聖徒賢士用化學方法延年益壽的情況至少與阿拉伯的其他記載不謀而合。

壽享千年？

最後，我還想提到第一位談吐有道家之風的歐洲人，此人就是羅傑·培根(公元1214–1292年)。他曾多次勇敢地斷言，一旦人類解開煉丹之謎，就可以永生不死、壽享無極了。當然，正是由於他對科學技術發展普遍採取樂觀態度，才使他成為如此前衛的角色，遠遠超前於他所生活的時代。致函教皇克萊門特四世(Clement IV)的時候(這位教皇似乎對煉丹術沒有多大興趣)，他寫道：「醫藥學領域還可以找出另一例證與延年益壽有關，因為醫藥技術的作用別無其他，就在於養生健體。人類壽命實際上還存在更廣闊的空間。創世之初，原始初民的壽命就比現代人長久得多，當今人類的壽命被過度縮短了。」另一處他又寫道：「期望延年益壽的想法符合靈魂永恆不朽之說，因此，亞當與夏娃從天堂墮落到人間之後有人可以壽活千年。正是從那以後，人類壽命逐漸縮短了。」故而壽命縮短實屬意外事故，可以部分或全面補救回來。當然，他所指的此人就是壽活969歲的瑪土撒拉(Methuselah)，[33] 可以說是西方的彭祖。[34] 但毫無疑問他也大膽地提到了其他猶太

---

[33] 瑪土撒拉，〈創世紀〉第五章二十七節中記載的人物，為《聖經》中典型的長壽老人。

[34] 彭祖，中國神話傳說中的長壽翁。

先民的例子。最後，羅傑·培根以一段飽含激情的文字結束了這封信，他是這樣寫的：

> 未來的實驗科學將從亞里士多德的「秘密中的秘密」裏了解到如何才能生產二十四K純金、三十K、四十K，乃至任意純度的黃金。正是出於這個原因，亞里士多德才這樣對亞歷山大說道：我期望向您展示最偉大超凡的秘密，它的的確確與眾不同；它不僅有益於國家繁榮興盛，只需黃金儲備充足，我們的需求就能實現，而且更為重要的是，它可以延年益壽。因為這種藥品可以祛除低賤金屬中的雜質與腐化物質，使之演變為白銀和純度最高的黃金；故而聖賢之士認為它同樣可以盡除人體內部的雜質和腐敗物質，讓人延長數百年壽命。此時就是我前面談到的人體內部各元素含量均衡的狀態。

我們眼前再次出現了葛洪、查比爾·伊本·哈揚的形象，只是穿的是拉丁民族長袍，至少也是法蘭克族服裝。信函中最末一句讀來並不陌生，顯而易見，培根只不過再述了阿拉伯文明中元素均衡、長生不死以及人體各元素配比完全平衡時可以避免衰變的理論。同樣地，我們還應當引述莎士比亞名劇《尤里烏斯·凱撒》(*Julius Caesar*)劇終一節，法撒利亞戰役結束後馬可．安東尼在戰場上找到布魯圖的遺體，他說：「他的生命如此溫馴，他體內的元素混成一團，故而自然之神昂立宣告：『就是這個人。』」羅傑．培根的其他著作中同樣可以找到類似言論。例如，公元1267年問世的《第三部著作》(*Opus Tertium*)中就有一段有關煉丹術理論與操作的有趣的文字，它明確討論了物質從元素中再生的問題，不僅無生命的礦物、金屬如此，有生命的動、植物也是如此。據說，某種技術可以一日之間完成自然界畢千年之功才創造出的偉業，這一信念已不算新鮮了。但我們絕不能因此忽視這一事實：羅傑對或許只有利用磁力才能成功的永動機械深感興趣，他的朋友皮埃爾．馬利科特(Pierre de Maricourt)[35]堅持不懈，試製研究的就是這種機器。

本次講演即將結束，我想再談一兩句，說說羅傑．培根時代以來幾百年間人類壽命的實際漲幅。儘管許多化學以外的因素對壽命增長同樣起到了舉足輕重的作用，例如食物、交通、住房和衛生條件等，據估計公元1300年(即元代)，男子壽活二十四歲，女子三十三歲，到公元1950年時男子壽命增至六十五歲，女子增至七十二歲，其間化學知識的增長確實格外重要。是日益增長的

[35] 皮埃爾．馬利科特，公元十三世紀的磁力學實驗者。

化學知識最終導致生命的延續，這一點已是無可爭議的事實。以葛洪看來，所有衛生學、細菌學，所有藥物學、營養學都只不過是煉製丹藥所需的化學知識派生的科學而已。早期先驅認為確有某種藥物對人、對金屬同樣適用、百試百驗，這一想法是他們唯一失敗處；至於從鄒衍流傳而至查比爾而至羅傑・培根的長生不老思想則實實在在堪稱一個創造性的偉大夢想。其中的核心理論在於，人體本身和其他合成體一樣都具有化學性，無論是無機體或有機體；那麼如果人類深刻掌握了這種化學知識，就可以將壽命延長到令人難以置信的地步。如果我們依然解不開神仙長生不老之謎，就該想一想恐怕永遠也解不開了。但如果我們有朝一日真的達成了永生的願望，那麼人類社會中接下來的幾個世紀中將發生的變化會是多麼難以想像啊！

第四章　針灸理論及其發展史

針刺與艾灸

人人皆知，針刺療法與艾灸療法是中醫領域中兩種最古老、最具民族特色的醫療技法。廣義而言，針刺療法就是在人體表面不同部位深深淺淺地安插醫針的療法——選中的埋針穴位彼此相互關聯，其排列格局是以一種高深而複雜的（恐怕實質上還是從中世紀時代流傳至今的）生理學理論為依據的高度系統化模式。古時候這種醫療技術稱作砭石或鑱石，而今稱作針灸。無可置疑，醫針刺激了深藏體內的神經末梢，從而達到意義深遠的治療效果。這一古典醫學理論以人體氣血循環思想為根本，迄今仍然令人大感興趣。我很樂於在此認真探討這一問題，因為以我看來，大學校園裏的聽眾肯定有興趣了解它。

艾灸療法則以燃燒一種可引火的蒿屬植物——艾，為主要手段，艾杆或為形似檀香的椎體，治療時或直接灼燒皮膚，或間接灼烙；而狀似雪茄的艾杆只貼近皮膚點燃。選擇灼烙的部位大體而言與針刺位置相同，為此已有艾絨灸或艾絨灸之稱謂。此法可能類如熱敷，只引起輕微刺激，也可能全然不同，引起強烈刺激灼痛。大體而言，源遠流長的針刺療法在應付急症時最有用武之地，而艾灸療法更適於治療慢性病，甚至只是出於預防目的。

那麼，針刺法這種治療手段就是用針插入體內以達鎮靜與止痛效果，它首創於公元前1000年的周朝。如今的醫針相當纖細，比大家熟知的皮下注射針頭纖細得多。在人體表面下針時都必須依據古代生理學思維，嚴格按圖譜尋找特定穴位。人們發現，針刺法理論與實踐早在公元前二世紀時就已為社會承認，並形成了一套治療體系。我們在幾處中國城市和日本參觀針灸診所的時候，也曾多次親眼目睹銀針刺穴的方法。可以說時至今天，這種醫療技術仍廣泛應用在中國大地上，活躍在所有中國人社區裏，而且幾百年前就已經普及到同屬東方文化區域的各個鄰邦。最近三百年間，整個西方世界都對它產生濃厚興趣，並開始付諸實踐。我猜測西方世界是從威廉・瑞仁(Willem ten Rhijne)[1]於公元1684年前後著述的一部書裏首次了解針刺之術，而後隨着歲月流

---

1 威廉・瑞仁(公元1647–1700年)，在荷蘭東印度公司任內科醫生。公元1687年他寫了一部關於亞洲麻瘋病和熱帶植物研究的小冊子。他是第一位把針灸療法介紹到西方的人。

逝西方也漸漸開始廣泛應用這種醫療手法了。

此刻，我與魯桂珍博士的一部作品正在印製中，我們為之定名為《天朝之針：針灸理論及其發展史》(*Celestial Lancets: A History and Rationale of Acupunture and Moxa*)〔按：本書已於1980年由劍橋大學出版社出版〕。這本書是《中國之科學與文明》叢書第六卷、第三部的一部分，現在只不過是作為一篇專題作品提前出版。我認為這本書很有價值，因為迄今為止西方尚無專門研究針灸之學的史書。現有的實用手冊着實不少，但一本適當的史書也沒有，甚至從未有人從當代科學角度出發着手研究針刺術與灼艾灸術這兩種技術的生理學和生物化學依據。

針灸與經絡、循環系統

以古代醫學觀點看來，氣在人體內通道網絡中貫通遊走稱作循環。這一網絡即所謂經絡，由經脈與絡脈構成，共有十二主脈、八條支脈，後者即眾所周知的奇經八脈。我們可以找到圖譜與木製人體模型，上有圖解說明。每條經脈上均有十至五十個腧穴，即我們所謂的針刺部位，我們一般在這樣的部位下針或灼烙。不過經絡之外還有另一經脈系統，我們譯作“tract-and-channel network system”，不僅事關氣的循環，還涉及到血液循環。世上早已清清楚楚地存在循環這一概念，且遠早於公元1628年（應該說是我在劍橋大學的同仁）威廉·哈維爵士（Sir William Harvey）[2]在《心臟搏動與血液循環》（*De Motu Cordis et Sanguinis in Animalibus*）一書中的著述。這真是有趣極了，下文中我會再提這一話題。

根據經脈有發源於手、腳之別，我們還應用了cheirotelic、cheirogenic、podotelic和podogenic這些術語。Cheirotelic指導入手的經脈，cheirogenic指以手為出發點的經脈；podotelic指導入腳的經脈，podogenic指以腳為出發點的經脈。實則每一經脈皆與某一內臟相聯，它們的聯結順序依次為：肺臟、大腸、膽囊、肝臟。經脈與內臟有聯繫堪稱中世紀中國在生理學方面一大發現，因為它已然涉及了今天稱作內臟—皮膚反射作用的問題。例如，眾所周知，按壓人體正面麥克伯尼部位（McBurney's point）可以診斷出是否患有闌尾炎。此外許多內臟疾病的病例中，在皮膚表面都有疼痛或其他異常反應的表現。這些跡象都屬於內臟—皮膚反射作用，很有意義。中國人在很久以前就了解這一知識，這真是一大卓越成就。

---

[2] 威廉·哈維（公元1578–1657年），傑出醫生，發現了血液循環。

針灸療效的統計

無人否認針刺療法在中國醫藥史上具有舉足輕重的地位，但客觀而言，其真正價值迄今在某種程度上依然見仁見知、眾說紛紜。譬如，東亞各國學習現代醫學的中、西醫大夫當中，總能找到有人對其醫療價值持懷疑態度。整體上說，中國國內這類人為數甚少；根據我們的經驗，絕大多數醫藥界人士，無論學習的是現代醫學還是傳統醫學，都堅信針刺療法可以治療許多病症，至少也能緩解病情。說來，只有依據現代醫學統計方法分析大量病例病史，才能真正了解針刺法(或者其他中國特有的治療法)的有效性。然而此舉耗時頗巨，或許需要五十年甚至更久；在一個有十億之眾的國家，相對總人口而言其資深醫生比例很低，而又迫切需要各種醫藥治療和外科治療，那麼堅持記錄醫療檔案就格外困難了。

我們認定工作不能等待，因此我們樂於着手編纂這部歷史，在或此或彼某個方向上稍有偏重。首先，談到已出版的統計資料問題，妄言中國醫藥學作品中沒有定量數據是不公平的。事實上，中國醫學書籍和某些西方作品一樣都有定量數據。無論怎麼說，過去十五年，中國人在大型手術中應用針灸止痛法獲得了巨大成功，於是整個話題取向都來了一百八十度大轉彎。用這種療法止痛不必在手術後很長時間內進行曲折複雜的病史追蹤，沒有病情逐漸減輕或突然復發的過程，病情反應不可能長期懸而不決，更不必懸慮猜測。手術開始後患者是否疼痛得忍無可忍，針刺是否有效，一個小時以內、甚至更早就能知道。針灸止痛法(或稱針灸麻醉法，人們往往根據不恰當卻無可辯駁的邏輯這樣稱呼它)已然迫使世界其他地區的醫生和神經生理學家第一次認真思考中醫之道，它在這些人心中的影響比其他任何技術進步都要深遠。

談及我們的側重點，應當說源於一種自然而然的懷疑。我與魯博士都是訓練有素的生物化學家和生理學家，作為當代科學家我們勢必大量用到懷疑論；只是懷疑論可以有不止一種的演繹。我們發現，如果針刺理論及實踐並無實際價值，那麼它居然在千百年間成為數以百萬中國百姓最後的精神支柱就未免令人難以置信了。要我們這樣的生理學家和生物化學家相信其醫療效果完全是主觀心理作用，真是逼着我們竭盡輕信之能事了。人體身心因果作用的奧秘一一揭開之後，人們或許更想計算一下它究竟有幾分可能性，而把它出現的時間問題懸在一邊不予理會，因為在我們看來，它的出現未免太超前了。要我們假設一種多少年來許多人都親身體驗過的醫療手段居然只有純粹的心理作用，而毫無生理學、病理學依據，恐怕更不容易。我們只得把它和西方廣泛應

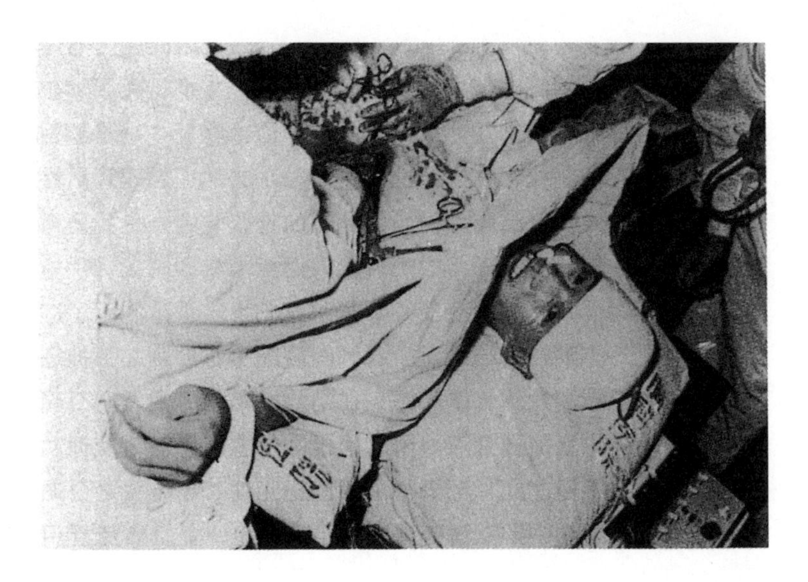

圖十九：上海胸科醫院應用針灸法止痛進行心臟手術(僧帽瓣硬化手術正在縫合)

用的放血療法和尿樣檢測放在一起比較：這兩種方法的那點微乎其微的生理學依據不足以支撐它盛譽不衰這麼久；而且二者也都不像針刺療法那樣令人難以捉模。除這一點以外，放血療法在治療高血壓方面的確稍有價值，而極度失常的尿樣也可以揭示病情。雖然在當代醫學臨床實踐中，二者並沒有多大建樹，但是我也知道今天醫療界尤其在治療高血壓症時，靜脈放血術又有東山再起之勢。

針灸止痛原理

人們（主要指西方人）的一種普遍看法是，針刺法和其他許多稱作「邊緣醫學」(fringe medicine) 的治療方法一樣，是借助心理暗示才完成的；更有某些人毫不猶豫地把外科手術中的針灸止痛法與催眠止痛法等同起來，雖然我們書中已經列舉過二者的諸多不同。我將附帶提及的差異之一在去年前後已然暴露出來了，即一種特殊的嗎啡拮抗藥——納洛酮的作用問題。有趣的是，納洛酮對催眠毫無幫助；儘管催眠狀態下進行大手術確實可行，但催眠本身卻並非納洛酮之功。恰恰相反，納洛酮對針灸止痛法有抑制作用，因此針灸止痛法幾乎必然與類鴉片活性肽有關，這是一種大腦自己產生的類似嗎啡的物質。過一會我再來談這個問題。另外，過去兩千年中的千百萬人，以至今日即將接受手術的病患者都對針灸治療抱有信心，說明對其是一種催眠的說法想必是誤用。此外，動物實驗證實了我們的觀點：在針刺之下神經系統產生了生理和生物化學反應；在動物實驗中毋須考慮心理因素，因此在研究這種醫療技術的過程中也愈來愈多地使用動物進行實驗。不僅如此，至少從十四世紀元朝著作發表之後開始，針刺法就已在中國獸醫醫學中佔了一席位，並且廣泛沿用至今。

那麼，事實已然清晰如晝：依據神經生理學原理，醫針刺激

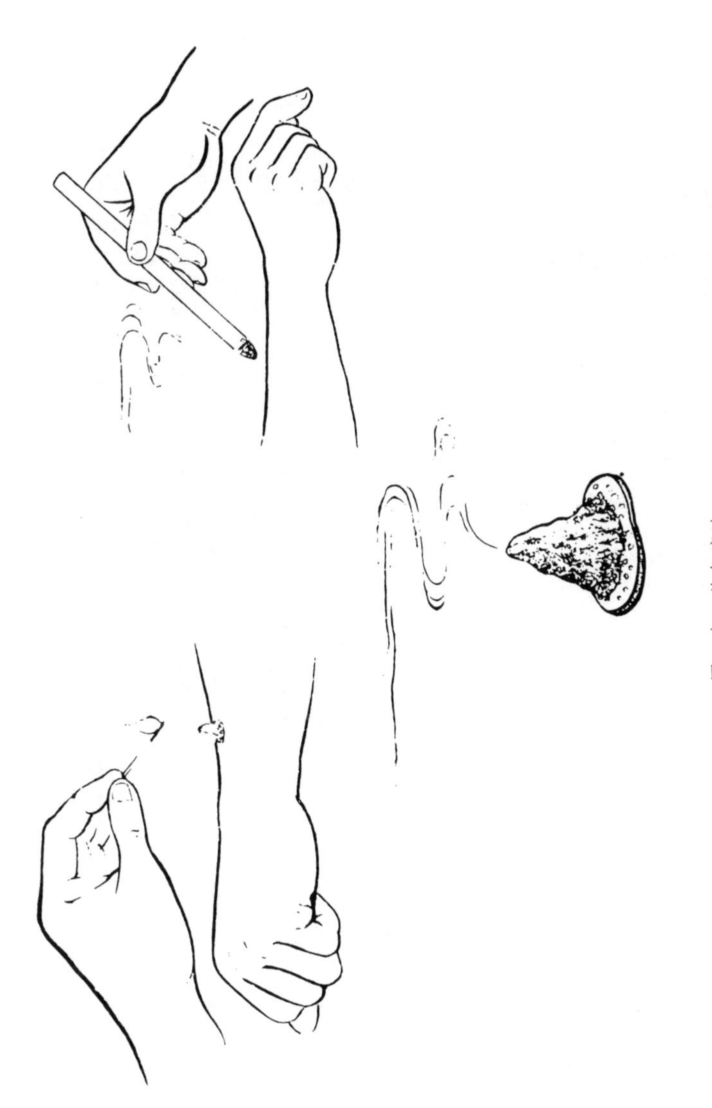

圖二十：艾灸療法

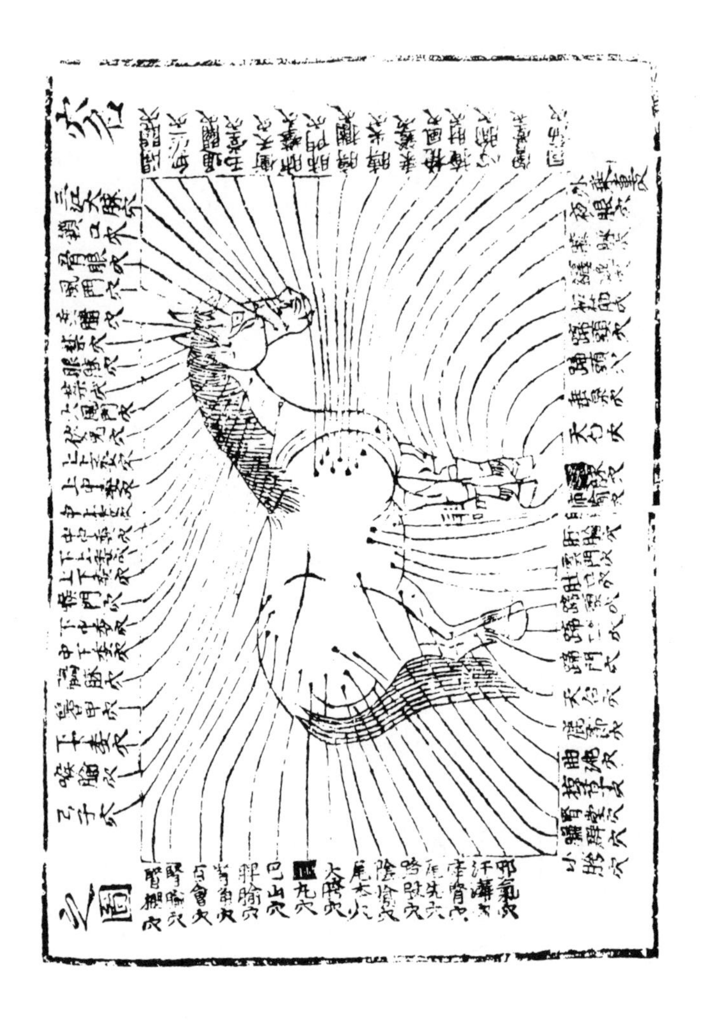

圖二十一：獸醫針灸穴位圖，取自《馬牛醫方》（公元1399年）

了皮下不同深度的感受器，於是傳入的刺激被導入骨髓、直至大腦。或許這些刺激會觸發下丘腦活動，使腦垂體活躍起來，最終導致腎上腺皮層加速分泌皮質甾胴；又或許會刺激植物性神經系統，最終促使網狀內皮系統加速分泌抗體。以醫療角度看來，這兩種系列反應都具有重大意義。事實上這兩套理論已成為當今闡釋針刺法療效的主導理論。某種意義上說，詮釋其止痛作用比解說其醫療價值更容易一些；但如果針刺確實刺激了腎上腺皮質甾胴以及與之相關的分泌物的分泌，或者確實加速了抗體的生成，那麼我們不費吹灰之力就能看出針刺療法的確頗有價值，甚至治療類似傷寒和霍亂這樣的我們早已熟知其外感病因的疾病時也大有功效。另一方面，其他情況下醫針會獨霸丘腦、骨髓或脊髓的傳入中樞，抑制疼痛刺激傳導到大腦皮層區域，於是成功地起到止痛作用。

篇幅所限，我只能略略提及其閉鎖理論，介紹這些理論同樣也是為了解釋這類事物的。但為了方便非醫學專業的讀者，可以借一則簡明的類比：「閉鎖」(gating) 所指的情況類似於一家電話交換局，所有線路都十分繁忙。如果所有線路都全日忙碌不停的話，那麼佔線信號就會響個不停；如果大手術中針刺法不能抑制疼痛感導入大腦皮層，那麼疼痛神經衝動就會有類似反應。

類鴉片活性肽及其他生理現象

進一步來説，我曾提到針刺止痛法無疑以某種方式(具體哪種方式尚未得知)，與大腦類鴉片活性肽息息相關。我們發現自己的大腦能大量分泌被稱作腦啡肽和內啡肽的物質，其效力足有嗎啡的五十倍，這是最近五年來最激動人心、令人心醉神迷的發現之一了。我們未曾早些發現這些物質，大概因為它們一經產生很快就遭到大腦中的酶的迅速破壞。不過，既知人類遲早會發現罌粟，那麼我相信，在研究中思索大自然如何能夠在大腦中同時創造出嗎啡生物鹼和嗎啡接受器這兩種事物的問題的確相當有趣。當然這一設想確實令人難以信服，因此科學家推理認為如果大腦裏果真存在嗎啡感受器的話，它可能在丘腦或網狀系統內部；大自然所作的一切只不過是替人體自身產生的物質創造一個感應器而已。這一推理果然正確無誤。腦啡肽與內啡肽這兩種物質的止痛作用極強，而它們又是大腦自行分泌出來的，於是你又可以看到另一事實：插在神經末梢周圍的醫針可以刺激神經元迅速釋出高強度的腦啡肽和內啡肽。

此外還有許多其他生理學現象應予注意，例如黑德區域(Head Zones)。它與頭部“head”其實毫無關係，而是為了紀念一位傑出的英國神經學專家亨利．黑德 (Henry Head) 而命名的，是他刻苦研究找出了與內臟相聯的體表神經分布區。他的發現與我前文提到的內臟—皮膚反射作用息息相關，而且正是他別出心裁地揭示了人體體表神經的分布以及它們與內臟的關聯方式。我很高興有幸在年輕時代結識亨利．黑德先生。

另一現象——「牽涉性痛」(referred pain) 的多級效應也與之相關。我不知道多少人曾經親身體驗過這種疼痛，但我自己就時常感受到；實則就在今天下午在校園漫步時，我右腳跟腱突然一陣劇痛。我深知只需一、兩分鐘就熬過去了，因為我的腸道內部會產生一串氣泡，一旦氣泡對腸壁的壓力釋放出來，足底的痛楚就會立即消失得無影無蹤。這只是牽涉性痛的一個例證。有人時常遇到，有人體會得不太頻繁，無論如何這種病狀肯定首先觸動了中國古代生理學家，促使他們發明並擬定出針灸脈絡系統。

接受針刺治療的患者的某些感受對理論形成具有舉足輕重的作用。大家或許知道，患者扎針灸時共有四種特色感受：麻、酸、脹、腫，其中「麻」的感覺似乎是線性傳遞的。例如，在膝下足三里穴下針後，麻木的感覺會直線貫入足底，而且針灸大夫愈用力捻針，感受愈強烈。因此，由穴位傳來的所謂「射線」必定成為歸納經脈系統理論的第一手資料。

提高人體自衛能力

在此還應再談一談針刺法以及其他中醫傳統醫療方法的理論背景，比如在中國地位不凡的健身操。這裏我要談的是中、西醫雙方如何評價協助治療、提高人體自衛能力，以及抵御正面攻擊這兩方面問題。在中、西醫理論中均可找到這兩方面概念。西醫中佔主導地位的理論似乎是病原體受到直接進犯，此外也有人體自癒能力之說。我絕不會遺忘這一知識；兒時父親仍是全科醫生，至今我還記得他當時是如何與我談論人體自癒能力問題的。在我五、六歲的時候，世上還沒有抗菌素，沒有磺銨類藥——我承認，白喉抗毒素還是有的——多數情況下，醫生束手無策，唯有陪在患者身邊乾等病情高潮來臨、乾等病人渡過「危險期」。因此，人體自癒能力的高低非常重要。那是從希波克拉底和蓋倫時代流傳至今的有關抵抗力與加強抗病能力的理論的主旨。

恐怕人們始終認為中醫以整體治療為主，但它同樣具有防治外來病毒的思想，或許是來自外界、未知自然界的邪氣，也可能是昆蟲在食物上爬過後留下的特種毒液和毒素。這已是中醫中極古老的思想了，因此也早有抵御外來病毒的實踐，你可以稱之為「出邪」，意即驅邪除晦；假如你是位中國藥劑師就該稱之為「解毒」。而另一方面人體自癒能力的道理在中國大體指的就是道家養生之術，即增加營養，提高身體抵抗力。

顯而易見，無論如何施針治療，針刺法必須遵循增強患者抵抗力之道，而非直接對抗侵入體內的微生物——也就是說，它並非一種別具特色的消毒技術。現代細菌學問世以來，消毒技術自然而然佔據了西方醫學的天下。西方人往往樂於承認針刺之術對坐骨神經痛或腰痛之類的症狀頗有療效，而西醫對這類疾患全無對策。中國醫生從不把針灸療法局限在治療這類病症上；恰恰相反，在許多疾病問題上，他們都建議使用針灸療法。如今我們自信已然了解這些疾病(例如傷寒和霍亂)是哪種病菌引起的，醫生宣稱針灸療法即使不能根治其症，至少也能緩解病情。就此而論，中、西醫的不同態度的確是一個重要事實。我們之中有位魯桂珍女士，其母不幸在公元1910年前後身染霍亂，在南京接受針灸治療後竟奇蹟地痊癒，魯女士迄今對此事記憶猶新。理論上而言，其療效類似於腎上腺皮質甾胴，提高了免疫力。有趣的是用藥物解毒以及提高人體抵抗力的思想居然在東、西方兩種文明和中西醫兩大文化中都得以發揚光大。

除此之外還有第三條思想，是從元素平衡理論派生出來的。希臘語稱之為Krasis，阿拉伯語稱'adal或mizaj，上一講中我曾經提到過。這一思想為中國和希臘所共有。以此看來，疾病實質上是機能障礙或元素失衡，即體內某一元素佔了上風。當代內分泌學興起之後，這一思想再現生機，雖然早在兩種文明形成初期它就已然存在。歐洲放血療法和催瀉療法雖說殘酷，卻的確是受這一思想直接影響產生的，因為人們認為「不健康的體液」（譯注：中世紀生理學認為有四種體液對人體健康、性情起決定作用，包括血液、膽汁、黏液和憂鬱液。）必須排出體外。而中醫診斷和調節陰陽失衡、五行關係失常的手段則微妙難懂得多。雖說我們身處現代，對中世紀醫生是如何洞穿這兩大力量相互作用的秘密始終感到費解，但許多這類調節治療的確使人體神經和內分泌恢復到均衡狀態，對此我們絕無異議。

臨床記錄

當代醫學界普遍把矛頭指向針刺療法的原因在於我們缺乏統計資料說明真相。中國當代臨床控制實驗不足，針刺療法在安慰劑效果，以及病情緩解的量化資料和追蹤數據相對匱乏，這些事實的確妨礙世人了解真相，但不能就說中國人對病情自然痊癒和緩解的可能性一無所知。《周禮》之中有一章談到宮廷御醫。要知道，《周禮》是漢初一部古文著作，其中闡述了周代朝庭應有的官僚組織制度，儘管它從未付諸實施。那是一種理想的政府組織制度。文中談到宮廷御醫之首醫師時說：「醫師執掌天下醫療機構，並搜集各種靈丹妙藥治療疾病。凡屬外顯疾病，無論頭部還是體表都由各科專家治療。年終時，他根據各人治療記錄判定其職位與俸祿。治癒率達百分之百者定為頭等，達百分之九十者定為二等，達百分之八十者定為三等，達百分之七十者視作第四等，而治癒率不足百分之六十者級別最低。」而後公元二世紀鄭康成注解《周禮》時說道：「十者中四人未癒就要將醫生置於最低等，是因為其中半數病例即使不施救治也會自行痊癒。」這一注本清楚地告訴我們中國確有臨床記錄；而在我們看來，這段注釋更是難能可貴的例證，證實中國古代學者具有懷疑主義思想和批判意識。

下表是從前文提到的那部著作記載的大量資料中提煉的精華。表中列舉的是從各種來源搜集的針刺法治療病案的統計結果，約計150,000例，不僅有中國病例，還有俄羅斯和歐洲的病例記載。有趣的是，針刺法療效和止痛作用的成功率約為百分之七十五，或許這一事實同樣令人驚訝吧。就外科手術而言，「痊癒」和「大為緩和」的說法指的是完全不必服用其他類型的止痛劑。「顯著緩解」在外科領域列為第二等，指的是必須在手術之前注射杜冷丁（譯注：一種人工合成的鎮痛藥、催眠藥。）或在手術進行中注射某種鎮靜劑或止痛藥物，以彌補針刺法不足，因此這種情況只能歸入第二等。此外還有第三等、第四等療效，即只有稍許緩解作用或者完全無效等等。然而無論如何，第一、二等療效可以算是成功的病例，其相加之和約佔病例總數的四分之三。

	第一等 痊癒或大為緩解	第二等 明顯緩解	一二等之和	第三等 輕微緩解	第四等 無效
治療	44.1%	27.5%	71.6%	16.4%	12.0%
止痛	37.3%	38.1%	75.4%	17.0%	7.6%
		安慰劑效果	30–35%		

表二：針刺法治療病例統計結果

就上表，我想特別提出安慰劑效果的問題，這一效果的確存在並且應予足夠重視。如果有一位患者手術後疼痛難忍，而他是一個不諳醫術的普通人，你告訴對方要給他（或她）注射一種效力極佳的止痛藥，告訴他肯定能止痛，而後為他注射生理鹽水或類似甚麼完全沒有止痛效力的藥品，此後他（或她）可能會說疼痛大為減弱甚或完全消失。這一現實情況很不尋常，但醫學領域以外的人不是個個都能意識得到。普通百姓中至少有百分之三十五的人會有類似反應，此即所謂安慰劑效果的現象。這是一種值得研究的重要現象，因為它也是統計數據基數之一，超越這一基數以外的統計結果才談得上值得探討。如表所示，針刺療法的療效與止痛作用約為安慰劑效果的兩倍；以我之見，這一因素具有非常重要的意義。直到過去兩年才問世的一大發現就是：安慰劑效果極易受到納洛胴的影響。它勢必意味，或者我們至少可以得出這樣的結論，即事實上產生安慰劑效果的原因在於患者激發了自身含有的類似嗎啡的物質。於是當醫生說「我來給你注射一支止痛劑」的時候似乎就已向患者施加了心理刺激，大約百分之三十五的普通百姓就會當即調動體內的腦啡肽和內啡肽。

循環概念

說到此處，我想順便提到歷史上循環概念的故事——我相信它是醫學史歷程中格外有趣的傳奇故事之一。《黃帝內經》——包括〈素問〉與〈靈樞〉兩篇——就相當於中國的《希波克拉底全集》，此事當然早已眾所周知。此書不及《希波克拉底全集》那樣古老，但也非遲後許多，全書共分兩大部分，即〈素問〉與〈靈樞〉。我們將前者譯為“Questions and Answers about Living Matter”(即生存之問答)，後者譯為“Vital Axis”(即生命的核心)。除此之外，七世紀楊上善還校訂過一本書，名為《太素》。我們來看，〈素問〉(據我們推斷成書於公元前二世紀)將血脈定義為血液的居所。自〈靈樞〉成書之後直至公元前一世紀，人們一直認為陰氣(或稱營氣)川流於血脈之內，陽氣(或稱衛氣)流通於血脈之外。同時認為陰陽二氣相互交融、密切聯繫。約成書於公元一世紀的《難經》(即疑難雜症的參考手冊)中有一條注釋是這樣說的：「氣保障血液流動，而氣的流動又依賴於血液。二者相互依托，循環往復。」然而在我們現有古代作品中有關循環概念的闡述裏，這句話不足稱奇。例如，〈靈樞〉中有言：我們稱之為「脈」的血管系統「有如護欄或防護牆構成了一條環形管道，它控制着營氣貫通的血液部分，以防血液溢出或滴漏。」公元1586年吳懋先注解這一句的時候說：「此句指的是營氣在血脈之中日夜不息、循環往復、毫無滯澀，這才是血脈實際作用所在。」歷史上看，除威廉·哈維於公元1628年出版的著作外我們還找到許多例證，這句話只不過是第一句而已。我們毋須從明朝文本中尋章摘句，早在此之前的十七個世紀就可以找到類似〈素問〉中的闡述，書中提到，歧伯說：「脈絡之中氣血流動、綿綿不絕，環周不休。」顯然氣血循環之説是公元前二世紀的標準理論，這一史實與西方形成了鮮明對比，西方理論長期概念含糊，認為動脈中流動的是空氣，而血液流動還有落潮之説(我該承認這都是些「愚蠢」的想法)。

《難經》中可以找到更詳細的循環原理著述，書中說：「營氣在血脈中運行，而衛氣在血脈外部的經脈中運行。營氣循環不絕，至死方休。循環五十圈後兩氣相會，稱作『大會』。陰陽二氣相生相尅、關係密切，在『如環無端』的脈道中運行。由此可見營、衛二氣相互依存。」而後注釋中進一步解釋道，這五十圈循環是日以繼夜、全天十二時辰、或稱一百刻鐘無間斷的循環。這一點〈靈樞〉中早已闡明；它指出這一時數不僅與太陽運動掠過二十八宿天體一圈的時間一致，而且與呼吸13,500輪相呼應。略計算下經脈與主要血脈長度約為162英呎，這是氣血完整循環一周的大體長度，因而循環五十圈總程可達8,100英呎（或810丈），而一呼一吸之間氣血必須運行6英吋。公元前一世紀至公元十六世紀，人們用到這些數據時態度絕對一絲不苟，當時的情形從公元1575年出版的《循經考穴編》之類的書籍中可見一斑，書中精確地照搬了這些數字。由此可見，這一中國傳統文化知識絕不可能源於哈維有關血液循環的發現。我還想順帶提及這些諸如162英呎等數據計算的依據，那是根據兩漢之間王莽新朝時代解剖研究得出的數據。

心臟如水泵

那麼，心臟的地位又如何呢？一個含義深長的詞組「心主脈」已概括了一切，那是説心臟控制血脈。〈素問〉中言道：「心臟掌管血液與體液循環，控制其運行通道。」唐代王冰注解道：「心臟指掌血脈，限制營氣循環往復；其運行速度與呼吸頻率相符。」公元1618年張介賓[3]進一步注釋此句（同樣早於公元1628年）說：「心臟控制血液循環及其表現出來的脈搏跳動。心臟在五行中屬火，負責將血液送入身體各部分器官。」如此看來，千百年來心臟的形象似乎一直都與水泵之類相仿，收縮時將血液推壓到血管中。哈維時代的作品中至少可以找到一處將心臟比作煉鐵風箱的例子；我們剛剛提到的張介賓在《類經》（即分類醫學經典）中寫道：「心臟與脈搏自身既非氣，也非血，而更類似於推動氣血運行的風箱。」原句中說的是「其猶氣血之橐籥也」，「橐籥」這一措辭着實有趣，這個詞的意思就是風箱。

張介賓生於公元1563年，他的這部醫藥生理學手冊的成稿年代早哈維出版《心臟搏動》（*De Motu Cordis*）整整四年，因此無端臆測歐洲思想對他有何影響是絕不能成立的，尤其哈維的發現在走過一段漫長而艱難的道路之後才廣為接納。此外，張介賓在著作中曾多次談到血液循環原理，因而其首創年代應當推算到公元1593年。還有一段類似的著述出現在公元1603年，同樣早於哈維；在利馬竇的世界地圖第四版的序言中，阮泰元[4]寫下了一段

[3] 張介賓，生於公元1563年，傑出中國醫生，著有《類經》。

[4] 阮泰元，中國學者，約生活於公元1600年。

有趣的文字：「我隱約感悟到，地球是固定不動的，而空氣是流動的，水隨着空氣循環；這種情形有點類似於人體之中氣血循環往復、永不停息。」晚至這一時代還能發現中國有領先歐洲的科學思考是不太尋常的，這不比更早年的唐宋時期，那時中國思想領先於歐洲是理所應當的；然而我們似乎的確找到了一個異乎尋常的反例。

看到這些思想和自哈維開始的當代血液循環原理居然如此相近真是令人興味盎然。依據中國古人的估算，二十四小時內血液運行五十周天，合每一周天耗時28.8分鐘。現代醫學知識告訴我們這一速度比實際速度慢了六十倍，血液循環一周實際用時30秒左右。然而哈維終其一生未能有幸得出這一數據，這是近年來的研究成果。寫到他的關鍵理論時，他論證道，除非血液沿着某些肉眼看不見的渠道又回到心臟，否則心臟絕不可能在既定時間內壓出這麼大量的血液；同一頁他補充道：「但我們權且認為這一過程不是半個小時之內完成，而是一個時間甚至整整一天才完成的。無論如何，事實是顯而易見的，血液在心臟作用下流過心臟的血量遠遠高於食品營養可以補充的數量，也高於當時靜脈可以容納的數量。」哈維的論證重點在於量的推理，其依據只是很少的一點測算結果。他的推理思維依舊嚴格遵循亞里士多德式的思維，格外強調微觀以至宏觀的類比，只不過他的關鍵點在於量的推理。他確信除非血液可以通過某種方式返回心臟，依次重新壓出，否則整個循環過程無法完成。這才是他的偉大貢獻。

把《內經》作者找到的數據與威廉．哈維找到的數據放在一處比較真是有趣。中國古人可以借助水鐘精確地測算出心跳次數，以及一定時間內的呼吸頻率。此外我們已知，漢代古人已經測算出主要血管的大體長度，因此，他們有條件估計血流全程的長度。還有一點，他們肯定熟知血管割斷後血液有節奏地向外噴射的情形，並且由於他們傾向於在普遍哲學和宇宙哲學基礎上接受循環原理，他們必然猜想到未受損傷的人體中，血液一定會以這樣或那樣的某種形式回到靜脈和心臟。當然，他們的確並未像歐洲文藝復興時期研究方式那樣，向子孫後代提供任何實驗記錄以供佐證，而只是闡述了對血液循環時數的估測結果，作為醫學普遍原理之一載入史策。

根本上說，哈維對兩件事深感興趣：其一是防止血液回流的靜脈瓣膜，這條信息很可能是不知何時從中國解剖學家口中透露出來的；其二是由心臟噴射出來的血液流量，這一點表明，血液無可置疑還會以某種方式回到心臟。令人感到不可思議的是，歐洲人居然用了這麼久才理解並接受血液循環理論。此外一件事就是把心臟比作一隻水泵或者像張介賓說的那樣比作風箱。多年以前還在卡尤斯學院上學的時候，我第一次聽到這種比喻，印象極為深刻。我們手頭上有威廉·哈維講演的筆記，講稿中談到心臟有如「一對吱嘎作響的提水的水箱」，但這句話並不是公元1616年他發表講演時的原話。它是後來添上去的，時間恐怕不會早於公元1628年。第二種比喻出現在哈維公元1640年的《解剖學觀察》(*Anatomic Observations*) 中，他寫道：「心臟的搏動只不過是在壓血，舒張時吸納血液、收縮時噴出。」多少學者都曾努力探索哈維心目中的水泵究竟是何類型。恐怕就是那種波紋皮革外壁、可收縮的水泵，十七世紀時消防車上大多配備這種水泵。然而無論如何，有進一步證據表明，第一個把心臟比作水泵的是中國人而不是歐洲人。

水泵一詞當然是個機械名詞，但世人普遍認同，若不借助哈維思想中「神秘不可測的那一面」，即具有赫爾墨斯神智學(Hermetism)、新柏拉圖主義和自然界魔力特色的宇宙哲學思想，就無法解釋哈維的發現。他是亞里士多德的忠實信徒，因而他同樣繼承了曾經啟發過奇奧丹諾·布魯諾 (Giordano Bruno)[5] 的圓環最完美的思想。同時他也非常重視微觀宇宙哲學。例如，宇宙間的太陽、月亮、各大行星以及恒星都圍繞着某一核心旋轉(這就是循環)；又如地球上有氣象學現象水文循環；再如國度之

[5] 奇奧丹諾·布魯諾，約生於公元1548–1599年間，意大利哲學家和神學家。

中人人都繞着王子轉。那麼一旦把哈維的闡述與中國明清時代寫書人作個比較的話，你會看到二者極為相似。其不同者主要在於中國著書人背後有至少可以追溯到公元前二世紀的氣血循環的傳統思想。沃爾特・帕格爾（Walter Pagel）[6] 曾經致力於歐洲最早由柏拉圖開創的有關研究，然而歐洲人的闡述從來不像中國文本資料那樣清晰明確。無論如何，明朝後期，即十六世紀末，在哈維論證血液循環原理以前的歐洲傑出知識分子終於提出了循環理論。例如奇奧丹諾・布魯諾就是一例，公元1590年他以大量文字論述了這一理論，同年另一部著作他首創了太陽宇宙中心說，其理論與哈維有關心臟的論述有異曲同工之效。

血液循環理論傳入歐洲

許多學者都把布魯諾視作安德列亞・切薩爾皮內（Andrea Cesalpino）[7] 與哈維之間一條重要環節，意義格外重大。切薩爾皮內是第一位用到「循環」這個詞匯的解剖學家，當時是公元1571年；他的知名貢獻在於或多或少比較精確地描述了肺動脈血液循

[6] 沃爾特・帕格爾，傑出的醫學史學家，以哈維、帕拉切爾蘇斯和文藝復興時期醫學發展為研究對象，著有多部著作。

[7] 安德列亞・切薩爾皮內，十六世紀意大利解剖學家。

環。但又有幾位學者後來居上，其中尤以拉埃多．科倫坡(Raeldo Colombo)[8]於公元1559年的著述和麥克爾．瑟維圖斯(Michael Servetus)[9]於公元1546年的著述最為著名。還有一位超越他的大馬士革醫生伊本．奎拉希．納菲斯(Ibn al-Qarashīal-Nafīs)[10]就更加值得矚目，此人死於公元1288年。自從阿拉伯文本資料中發現與之相關的陳述後，關於這一知識是否曾經從阿拉伯傳入歐洲，而後才為十六世紀哈維以前的先驅學者所掌握的爭論始終沒有停止。如今可以找到的重要證據表明事實確實如此，不僅血液循環的全套理論傳入歐洲，甚至以資佐證的論據都一同傳入歐洲。已確定的執行者之一就是安德列亞．阿爾帕果(Andrea Alpago)，[11]威尼斯總領事，同時也是一位才識淵博的東方學專家，他能讀懂阿拉伯文書籍，曾在黎凡特居住多年。此外納菲斯對循環原理肯定不只是略知皮毛而已，因為他談到主動脈是將生氣運載到身體各部分器官的主要血管。其闡述本身以及用到「氣」這個詞語都不禁讓人心存疑問(抑或我猜只是較微的臆測呢？)：是否連同納菲斯及其同時代的阿拉伯人也都受到了中國醫藥生理學影響呢？迄

---

8 拉埃多．科倫坡，十六世紀意大利解剖學家。

9 麥克爾．瑟維圖斯(公元1511–1553年)，西班牙醫生和神學家。

10 伊本．奎拉希．納菲斯，阿拉伯生理學家，死於公元1288年。

11 安德列亞．阿爾帕果，十六世紀威尼斯駐黎凡特(Levant)總領事。

今為止，我們還未證實這一假設；現有阿拉伯文本的譯本中沒有找到任何跡象可以證明這一點，然而上一個世紀的伊本．西拿(Ibn Sīnā)深受中國文化、尤其是脈搏方面的知識的影響早已是不爭的事實。他在《醫學炮火》(*Qanūn-fi al-Tibb*)一書中大量有關脈搏學的論述是直接照搬王叔和[12]《脈經》的理論。除此之外，研究中我們發現了大量物證，證實中國的煉丹術理論與實踐的確走出國門，流傳到阿拉伯和西方世界。但我們不能據此斷言納菲斯是否也深受中國早先思想的影響，同樣我們沒有切實的把握判斷那些思想是否也經他之手繼續流傳到切薩爾皮內和麥克爾．瑟維特斯手中，以至偉大的哈維時代。

總結

當我回首歷史，就會發現描述生長於華夏之國、歷盡千百年滄桑的針灸療法的醫學著作是何等卓爾不凡。許多情況下，人們一覽之下就會為之深深吸引。例如，撇開我們方才的話題暫且不提，中國學者和醫生早已對體內氣血循環的原理深信不疑，他們確定了血流一週的速度，雖然比哈維開始的現代生理學家確認的

[12] 王叔和(公元265–317年)，中國脈相學家，著有《脈經》。

速度慢了六十倍之多，但其計算年代卻早現代數據二千年。又如中國人發現了內臟與皮膚之間的反射作用，揭示了人體表面反應與內臟器官變化之間存在必然聯繫的秘密。此外還有一件事因時間關係就不作探討了，那就是必須了解日常生理節奏、了解男性生物節奏較長，應當在此知識基礎上進一步計算實施針灸療法的最佳時間。最後還有在不同體材和肢體比例的人身上尋找穴位的標準尺度規範的歷史發展。

西方國家對針灸療法有許多誤解。針灸療法與靈異學、神秘感應或者超自然力量絲毫無關，因而也不會博得有類似信仰的人的讚賞。針灸療法不完全依賴病人的心理聯想，也全然不是催眠現象，它與現代醫學科學並不矛盾。其結果是它並沒有引起西方醫學界的反感。針灸療法只是一種醫療手段，當代醫學誕生以前它就已經歷了兩千年的滄桑，同時它蘊育生長的那片文明與歐洲文明也是大相逕庭。如今我們正在依據生理學和病理學原理為它尋找解釋，並取得了巨大進展，雖然我們還沒有找到最終答案。依據我們的理解看來，關鍵因素恐怕在於神經中樞與植物神經系統的生理學因素以及生物化學因素，不過許多其他系統，諸如生物化學、神經化學、內分泌以及免疫系統也勢必與之相關。

另一個大大有趣的問題是依據組織學和生物物理學原理研究穴位的真實屬性。因為中國文化領域並未自然而然地蘊育了現代科學，故而傳統上說，針灸療法依據的理論系統甚具中世紀特色，只是理論相當複雜微妙，並飽含值得當代醫學科學借鑑的真知卓見。同樣，未來世界的人若想重新翻譯、構築這些理論(如果真有可能的話)，還真是一大難題呢。然而，無論如何，在治療疾病與止痛方面，針灸療法在未來歲月的世界醫學領域會佔有一席之地的。至於這一天何日到來，現在還言之過早。

第五章　與歐洲對比看時間和變化概念的異同

引言

我答應在今天下午談一談中西方對時間與變化這兩個概念的不同看法。我想自己也不可能談出甚麼新意，並且因時間所限我只有捨掉大量內容，因為只用一個下午來全面了解東西方對時間的整體看法實在太短暫了。(附帶説一句，最令我困擾的無過於使用“Eastern”〔按：意為東方的〕和“Western”〔按：意為西方的〕這樣的説法，“Oriental”〔按：意指東方的，尤指遠東地區的〕這個詞就更難辨，因為阿拉拍、印度和中國這幾個民族之間的文化差別甚至遠比歐洲文化與當中任何一國的差異都要巨大得多。) 不過無論如何，我們還是來看一看時間的循環與延續，而後我要談的話題有：那些有重大發現的人被奉為神聖的情況，以及古代技術為大眾所認可的歷史階段，這是科學史最重要的課題之一。最後再討論隨時間積累相互協作的科學與知識，歐洲文明、基督教界在現代科學來臨之際對時間問題的看法，以及中國對時間的認識。

道家與墨家的時間觀念

那麼，以我看來，中國的哲學本源實質是對時間現狀及重要性一成不變、永遠接受的有機自然主義思想。儘管中國哲學史上可以找到超自然理想主義的存在，甚至這種思想會偶而取得一定成功（比如六朝與唐時佛教思想曾盛極一時，又如十六世紀時王陽明[1]也擁有大批信徒），但在中國思想領域從來頂多佔據次要地位。中國的哲學思想勢必與這一事實息息相關。因此時間的主觀主義概念並非中國思想的特色。

此刻談論的當然是古代和中世紀時期的傳統思想，而非高度複雜的現代思想，然而可以說古代道家哲學中還是清晰地顯示出當代哲學或稱相對論的影子。然而無論時間有何變化，無論國家是興盛或衰亡，中國人頭腦裏都永遠保存着時間這一概念。這與印度文明的整體特色形成了鮮明對比，似乎又有和古代世界最西端另一個溫帶區域的居民結成同盟之勢。

除道家外，還有戰國時期的墨家與名家（即邏輯學家），與希臘科學思想相比，這兩家學派的思想都相當先進。時間與運動二者之間相互依存的關係，墨家基本上已系統地闡述清楚了。斯多

[1] 王陽明（公元1472–1528年），明代官員，中國最偉大的唯心論哲學家。

葛派(Stoics)學者強調蒼天是連綿不絕的，卻不重視宇宙的原子論學說。儘管這一學派開創了多值邏輯之先河，並掌握了函數概念的一大元素，他們的研究卻再也無法更上一層樓，因為他們沒有把時間看作一個以現象的函數的獨立變量。分析幾何學把運動描述為伴隨時間函數變化產生的位置變化，必須根據文藝復興時期物理學公式進行數學處理。

在亞里士多德的弟子看來，時間是周期函數而非線性函數，這一看法酷似印度人的思想。他們從未像伽利略・加里雷(Galileo Galilei)[2]那樣把時間視作從某一端點出發，延續到無窮遠的座標直線——就像可以進行數學處理的幾何三維空間的抽象座標線一樣。墨家學者從未研究過諸如歐幾里德(Euclid)[3]定理那樣的推演幾何學，當然也從未涉足伽利略鑽研的物理學，但他們的言論卻比大多數希臘學者更多一分現代的韻味。此後在中國社會裏，墨家何以未能繼續發展，便成為一個只有科學領域的社會學家才能回答的重大問題之一。不過，對於亞里士多德的多數弟子而言，時間具有某些不真實性，大多數新柏拉圖學派學者也有同樣

---

2 伽利略・加里雷(公元1564–1642年)，意大利天文學和物理學家，他致力於重力試驗，並支持哥白尼(Nicolaus Copernicus)的太陽中心說理論。被稱為科學革命之父。

3 歐幾里德，公元三世紀的希臘數學家，他的研究包括推演幾何學，奠定了西方數學一部分基礎。

看法。在中國，佛家之中一部分原理就是把世界看作虛幻境界，這一點與他們見解相同；但中國土生土長的哲學家從未認同這一思想。我想王煜教授和劉述先教授（譯注：均為香港中文大學哲學系教授）都會贊同我的看法的。

中國重視發明家和革新家

中國古典作品格外重視記載古代發明家和革新家，並賦予他們相當的榮譽，這一點其他文明的古典著作無一可以與之相媲美；或許再也找不出其他民族的文化像中國這樣直到這麼晚的歷史時期還醉心於把普通人奉為神靈。那些或可稱作技術史詞典、或可稱作發明發現記載的作品形成了一種獨特的文學體裁。該體裁中第一部作品恐怕當數《世本》，書中大部分文字只是在列舉神話或半神話中傑出人物與發明家的大名以及他們的成就，通常這些人都被冠以黃帝手下大臣的名銜。這部分系統整理了中國神話傳說，內容比古代地中海地區有關各種技術的保護神的書籍更豐富詳實。據此書說，宿沙發明了製鹽術，奚仲開創了造車技術，咎繇造犁，公輸般創製旋轉的石磨，隸首發明計算方法。[4] 書中三教九流無所不包（古代神祇被降格為人

[4] 宿沙、奚仲、咎繇、公輸般和隸首都是傳說中文化之集大成者。

間俊彥，各行各業的保護神、虛構的崇拜偶像被解釋為各行業的發明者)，而闡述過程中顯然有某些名字是憑空杜撰的。當然還包括一些真名實姓的發明家，歷史上絕對確有其人，比如我前面提到的公輸般，他又名魯班，就的確是戰國時期的真實人物。迄今最可信的觀點是，《世本》最早是公元前234至228年由趙國人搜集成書的，成書年代稍晚於《呂氏春秋》。自後漢以來千百年間我們可以找到十幾部同類典籍，直至明朝還有人孜孜不倦著書立說，其中就有明代的羅頎[5]寫的《物原》一書。

古人是如此眷愛發明創造者，以致有許多人的名字都收入了中國最偉大的自然哲學秘籍《易經》之中。它是一部上古奇書。此書原本收集的盡是農家判斷自然界徵兆的資料，其間匯總了大量古代占卜方面的資料，最後成書時已成為一部詳盡而系統地闡述各種符號及其解釋的著作了。眾所周知，卦分八八六十四卦，各以長短線條的不同排列組合為標誌。因為每種卦象都有其特定的抽象含義，故而全套卦象就扮演了中國科學發展的思想寶庫的角色，而那些符號估計代表的正是外部世界展示威力的各種力量。隨着時間推移，許多思想深刻的學者文人都紛紛為此書補遺、加注。他們的不懈努力終於使這部著作成為世界文學寶庫中最為卓

5 羅頎，公元十五世紀的考古學家。

越不凡的典籍之一，在中國社會裏聲名顯赫，以至迄今的漢學哲學專家仍然興致盎然地研究它。就在幾年前的確有人寫了一本關於《易經》中時間概念的書，表明此書與這一主題是如何的密不可分。宇宙間唯一永恆不變的現象就是變化。然而，或許又有人認為《易經》總地來說扼制了中國自然科學的發展，原因是此書誘使人們着眼於書中先驗圖式的解說，其實這些文字根本算不上解釋。實際上，它是一種闡釋自然界新鮮事物的浩大而(我得說)官僚式的文件歸檔系統，是替妄圖逃避深入觀察、實驗的大腦專門設置的一張舒適的睡椅。

恐怕我們很難探尋出《易經》的確實成書年代，但這部經典名著很可能始於公元前八世紀，成稿於公元前三世紀，其主要增補內容「十翼」必然可以追溯到秦漢時期。「十翼」之中專有一篇闡述人類偉大發明創造與某幾種卦象的關聯。據書中所載，文化領域的各位傑出人物正是得益於卦象，頭腦才豁然開朗的。換言之，秦漢時代的學者認為很有必要依據這部思想寶典記載的卦象推導各發明創造產生的原因。結網、織布、造船、築屋、造箭、製磨、演算——所有這些都是從各種卦象中推算出來的。我想，這篇作品表達的主要是對各技術先驅者的崇敬之意。作者把他們的事蹟收入《易經》這樣一部無以倫比的世界理論體系著作，為世人所景仰。

對先哲表示尊敬還有一套具體儀式。曾周遊中國各省的人都會為不可勝數的美麗廟宇深深吸引，這些廟宇裏供奉的並非道家神仙、佛陀菩薩，而是澤被後世子孫的凡人。某些廟宇是為了紀念偉大詩人而建的，例如成都杜甫草堂；有的是為了紀念傑出將領而建，例如洛陽南的關公林；但古代技術專家又有其格外驕人的地位。我一生中有幸兩次前往灌縣李冰的廟宇向這位公元前三世紀的偉大水利工程師兼四川官員奉香致敬。由他親自率人在山脊之上開鑿的渠道旁邊便座落着他的廟宇，已歷經千年。這座倍受景仰的公益工程將大江主幹一分為二，至今還擔負着灌溉方圓五十公里土地、養育五萬庶民的艱巨任務。

科學技術各領域的發明創造者都在民眾的呼聲中被奉為神祇，而為了紀念他們的豐功偉績而建造的廟宇就成為這些科技分支的代表。隋唐時期的傑出醫生和煉丹家孫思邈就擁有這樣一座祠堂。為澤被眾生的人建廟的風俗一直延續到明代，當時的工程師宋笠使大運河這個代表工程最高成就的詞匯化為現實，他故世後人們在運河之濱修築了一座廟宇紀念他。香火並非只為男子而燃燒。公元十三世紀末，大名鼎鼎的黃道婆就是來自海南的紡織技術專家。她把植棉、紡紗和織布技術傳播到大江南北，功不可沒。棉區的城鄉百姓都非常尊重她，在她辭世後修築了許多廟宇以資紀念。

由此看來，認為中國人從不認可技術進步的觀點是站不住腳的。中國技術前進的步伐或許太過氣定神閒，不同於我們熟悉的當代科學興起後的進程，但顯然技術仍在發展。關於人類對科學進步的了解我們稍後再談。

歷史時代分段

同時，我們也可以從另一個完全始料未及的角度思考技術進步的問題。人類文明發展的三大階段，即石器時代、青銅器時代和鐵器時代，被稱作當代考古學以及史前考古學的基石，全世界人類文化都依此順序先後發展。公元1836年，當代考古學領域的丹麥考古學家湯姆森（C. J. Thomsen）明確闡述了以上思想。根據這一歷史分段思想，在他的指揮下，哥本哈根國家博物館裏的大量藏珍才稍具條理。幸運的是，往後十年，他的丹麥同胞沃塞（J. J. A. Worsae）[6] 着手純以科學為依據歸納整理了地層學方面的出土文物，這還是有史以來第一次。其後這一方法成為遠古各時代的基本分界方式，也永遠成為人類知識的其中一部分。

---

[6] 沃塞（公元1821–1885年），丹麥考古學家，曾著書述説斯堪的那維亞的早期歷史。

由於諸多因素的限制，這一分段方式還未能廣為大眾接受，但首先必須承認，石製工具的確是人類親手製造的。同樣有必要理解條理井然的地質層與時間之間具有相關，以及跳出傳統年代學權威理論的牢籠，去了解真正古代的考古學物證。此外，我們還有必要將考古發現與其他知識聯繫在一起思考，如金屬礦石的地理分布，以及銅、青銅和鐵器的原始冶煉技術的復興等。

然而，實則這一思想只不過是以湯姆森的核心具體表現出來而已，從公元十六世紀開始世上已隱隱產生了這一思想。當時，對稱作化石的那種東西滿懷好奇、醉心研究的人肯定和人文學家一樣熟習希臘文和拉丁文文本資料。他們必定非常熟悉盧克萊修(Lucretius)[7]的詩作《論萬物之本》(*De Rerum Natura*)第五部分，詩中清晰地把歷史分為三個時代。這一部分首句為Arma antiqua manus ungues dentesque fuerunt，詩文大意是：

> 人類的原始武器有雙手、指甲和牙齒，
> 石頭和林間樹枝，
> 還有火焰甫為人知。

7　盧克萊修，生於公元前99年左右，死於公元前55年，羅馬詩人，在其詩作《論萬物之本性》中支持希臘學者依壁鳩魯(Epicurus)的哲學思想和原子學說。

此後發現銅鐵力量無敵，

然而銅先鐵後人盡皆知，

因為銅質馴順，

礦藏比比皆是……

詩句寫作時代約在公元前60年左右，已被人們稱作依據抽象思考制定的文明發展的整體規劃。但我毫無把握斷言盧克萊修不曾親自檢到一隻裝在小瓶裏的箭頭！無論如何，與他同時代的中國人也說過類似的話，語義毫無二致，他們對從原始野人到人類的演化過程的評論絕不輸於盧克萊修，堅持自己的論點時更有理有據和有把握。

《越絕書》(即越國[8]流失的文獻記載)是後漢學者袁康[9]所著，公元52年完稿，書中勢必利用了古代文獻。書中寫鑄劍師的一章裏，我們發現一段有關楚王與謀士風胡子的文字，內容如下：

楚王問道：「不知為何鐵劍可以具有古代名劍的威力呢？」風胡子回答說：「每一時代都有其製造器物的方式。軒

[8] 越國，一個封建諸侯國，公元前334年被楚國吞併。

[9] 袁康，公元一世紀的史學著作大家。

轅氏、[10]神農氏、[11]赫胥氏為帝的時代，武器都是用石頭製成，人們用石器伐樹、築屋、作殉葬品。是先哲指導百姓這樣作的。事易時移，黃帝時代武器均為玉製，玉製品也可以用作其他用途，諸如挖土、殉葬之類。這是古代賢王指導下的做法。後來大禹挖渠治水，武器就都是青銅鑄造的了；他用青銅工具掘開伊闕峽谷、洞穿龍門。同樣引導長江、黃河之河道，一直挖通到東海。這樣各地交通便利了，全國也平靜祥和了。青銅工具還應用於築造房屋和宮殿。當然這些也全都是先賢的功績。而今我們這一時代冶鐵鑄造武器，故此前三種武器只得退讓，四海之內無不恪守臣道。鐵製武器的威力是多麼巨大啊！以此說來殿下也擁有了賢王之德啊！」楚王答道：「我明白了，這是歷史的必然啊。」

這樣看來中國的時代分段順序也和盧克萊修詩中闡述的一樣清晰明白，只不過中間插入了玉石器具的時代，其所謂玉石很可能指的是一種質地較佳的石料而已。相比之下袁康的闡述更有兩處優勢。其一，他的作品是古代特色作品之一例。人類在汲取周

---

[10] 軒轅氏，即神話中的黃帝。

[11] 神農氏，神話文學中人物，以指導百姓農業技術而著稱。

朝末期高度文明的經驗後經歷了多少發展階段。翻閱戰國時期諸子百家的作品，有關的生動評述會間中躍入眼簾。道家與法家自公元前五世紀開始合著了一部有關古代歷史和社會進化歷程的科學性極強的作品。著者大肆引用古代賢王堯舜的英雄事蹟，把他們奉為神聖寫入諸如魏國的《竹書紀年》這樣的編年史，和魯國著作《春秋》一樣流傳千古。兩書還收錄了古代文化傑出人物和發明家的名單，後來這份名單成為《世本》一書參考的原始資料，此外還收錄了大量口頭流傳的神話傳說。著者依據這些資料替各文化發展階段排列順序，並有意識提到周國的古代百姓的生活習俗以資參考。他們談到有人住在樹頂巢穴裏(或是湖上木排屋裏)，有人穴居地下，甚至住在山洞中；提到用採集方式尋找食物的階段，以及火和熟食的來源；談到人類首次製作服裝；談到製陶工藝的發展；還談到關於骨製品和龜製品的早期記載。《韓非子》中有一篇援引了由余和秦王之間的一次談話，從中我們可以看出作者勢必曾經親眼目睹新石器時期的陶器製品，朱砂陶與黑砂陶都有，也必然見過鑄有鮮明浮雕花紋的青銅器皿。就像方才引述的《越絕書》中的一段文字那樣，木、石、青銅和鐵往往和某位神話中統治者的名字聯繫在一起。就這個題目，不難寫出一整本書來，類型就可以定為原始考古學。

其二，中國的著述比歐洲優勝還因為，這三個技術發展階段在中國次第推進的速度比歐洲迅速，故而大體可以視作歷史階段一部分，而非單純史前歷史事件。石製工具在商朝仍然應用廣泛，甚至一直延用到周朝中期、鐵器出現後才銷聲匿蹟；這似乎是因為任何一個歷史時期，青銅都不太適宜鑄造農具吧。從砭石這個詞匯中顯然可以看出，古代作針灸之用的醫針是由石料磨製而成，針尖很鋒利，而醫生一直保持這一傳統。商朝以前的新石器文化時期統稱夏朝，如今已知當時青銅器尚未出現。然而商湯時代銅、錫和青銅的冶煉技術都迅速達到了最高水平，而所謂「美金」一直用於鑄造武器和美侖美奐的祭祀器皿，這種傳統一直延續到周朝中期。鐵器恰恰在一個關鍵歷史時期問世了，當時正值公元前六世紀中期，比儒家大師孔子的誕生稍早一點；追憶往昔，我們不難看出鐵器帶來了深遠的社會影響。

基於這兩點，企圖隨心所欲地擱淺盧卡萊修的意見不予考慮的人就愈發缺乏正當藉口肆意駁回袁康歸納的理論了。有人寫道：「這並非搶先兩千年就可以天才地壟斷科學的事。一位頭腦機警的聰明人只不過是在歪曲歷史可能，他毫無事實依據，甚至連驗證自己的理論想法都沒有。」實際上，這一評論錯誤得無以復加，與之類似的其他言論也全不足取。周朝和漢代的學者的確不曾挖地三尺尋找出土文物，但他們論斷三大技術發展階段的論證基礎之可靠性卻遠遠超出這樣一位評論家所能想像的程度，因為當時中國文明的行進步伐使他們有條件成為歷史學家，而非史前學家。

對比中國與歐洲的技術進步

現在是該拋開古代技術的話題、進而討論知識進步的時候了。在此我們一直在思考人類知識隨時代變遷循序漸進的問題。臆測中國文化領域從未產生過這一概念是毫無道理的，因為在任何一個歷史時期都可以找到文字資料，除了對古代先賢表示敬意之外足以證實中國文化的確在進步。中國學者和科學界人士堅信中國的文化進步遠遠超出遠祖先輩所知的範疇。那一張張天文圖表早已使這一點昭然若揭，全套圖表從周朝中期而至清朝作品共約一百二十張。通常這些天文圖被稱作「曆」，其實和格林威治天文台出版的《航海天文曆》一樣是一種帶有星曆表的曆書，故而圖表本身也是一份天文學論著。不幸的是，西方歷史學家，包括我本人，都忽視了它們的存在，這是很不公平的。新君登基都希望為自己製作一份新的曆書，必須比以往作廢的更美觀、更準確。中國歷朝歷代的數學家和天文學家之中，從沒有哪一位胡思亂想、試圖否認自己所精通的這一門科學始終在不斷發展、連續進步。我的一位日本好友兼同事橋本敬造(Hashimoto Keizo)[12]正在寫一本書，具體分析中國天文學家繪製的天文圖精確性不斷提高、一張更比一張詳細。我們同樣可以這樣評述藥物學家，他們對自然王國的描述始終在前進、前進、再前進。大家可以參詳公元前200年至公元1600年問世的各類醫藥寶典的主要條目，列表以後我們才看得出千百年來醫藥學知識有怎樣驚人的發展。自公元1100年人們對藥物知識有巨大飛躍，原因很可能在於人們已經漸漸熟悉了海外(指阿拉伯和波斯)礦物和動植物。

將中國的情況與歐洲作一番對比是很有價值的。多年前，伯里(J. B. Bury)[13]就在其有關發展概念的巨著中講道，早在弗朗西斯・培根(Francis Bacon)[14]時代之前，西方學術著作中只能找得到些微一點有關知識進步的入門知識。這一概念的產生牽涉到十六、七世紀赫赫有名的「古代派」與「現代派」之爭。人類學家研究表明，世上有許多新生事物都是古代西方社會不曾掌握的，例如火藥、印刷術和羅盤等。很久以來，西方世界絲毫不知道原來類似多少技術革新創造都誕生於中國或者亞洲其他國家，但就如

---

[12] 橋本敬造，日本科學史專家，著作涉及天文曆法、早期機械和鄭和用的船隻。

[13] 伯里(公元1861–1927年)是劍橋大學歷史教授，公元1920年著有《發展的概念》(*The Idea of Progress*)一書。

[14] 弗朗西斯・培根(公元1561–1626年)，哲學家、散文作家。

我們所知，西方發現這一事實以後陷入一片窘迫的混亂局面；與此同時科技發展史研究問世了。

伯里主要致力於研究與文化史有關的社會進步。多年之後埃德加·齊爾塞爾(Edgar Zilsel)[15]擴展了這一研究方向，主要研究與「科學的理想境界」有關的社會進步。他認為科學的理想境界包括以下諸方面：(1)科學知識大廈是歷代勞動者一磚一瓦堆砌築造起來的，(2)其建設過程永無止境，(3)科學家的初衷是對這座大廈無私的奉獻，或是為公眾謀利益，而不是圖謀自身揚名立萬、積累知識，更不是為自家謀福利。齊爾塞爾說得明白，文藝復興時期以前這些信念無論在言論上還是在行動上都難得一見；即使到了文藝復興時期也不是學者開創出來的，當時學者仍然追求個人風光。這些信念出現在手藝高超的工匠之中，他們為勞動環境所限，互助合作相當普遍——其中包括著名匠人諸如炮手尼古拉斯·塔塔利亞(Nicholas Tartaglia)[16]，製造航海羅盤的羅伯特·諾曼(Robert Norman)[17]等人。

帝國主義興起階段的社會狀況對這些人物的活動極為有利，

---

15 埃德加·齊爾塞爾，美國研究科學及其方法論和哲學蘊涵的歷史學家。

16 尼古拉斯·塔塔利亞(公元1500–1557年)，意大利炮手，他發現炮口仰角為45°時射程最遠。他還致力於軍事技術的其他方面和數學方面的研究。

17 羅伯特·諾曼，英國技師，早年是位海員，著手研究航海羅盤。他在公元1581年著有一部有關天然磁石的著作《新吸引力》(*The New Attractive*)。

因此他們的理想才得以在世界取得一定進步。據齊爾塞爾研究，科學與手工藝術不斷發展前進的思想首次出現可以追溯到馬提亞·羅利茨(Matthias Roriczer)，[18] 公元1486年他著述的一部有關教堂建築學的書問世了。齊爾塞爾寫道：「於是，科學的理論與實用詮釋都被視作一種並非出自個人目的進行合作的產物，在這一合作中，過去、現在、未來的所有科學家都是其中一員。」接着他又談到，如今雖然這一想法或稱理想幾乎可以說是不言而喻的，但是無論婆羅門、佛教教徒、穆斯林，還是拉丁經院主義學者，無論儒家學派還是文藝復興時期人文主義者，無論哲學家還是古代演說家，誰都不曾取得成功。在此，如果齊爾塞爾沒有在書中提到儒家學派的話，他的論斷就更趨完善了。他本該留待歐洲對儒家多了解一點之後再提到他們的名字，因為事實上，與文藝復興以前的西方各國相比，恐怕還數中世紀時代的中國最具無私協作積累科學知識的傳統。

中國人的合作精神

着手尋找引證語句之前，我們應當回憶一個事實：古往今來多少中國人致力於探索天文學奧秘，他們絕不是一些出於個人愛

[18] 馬提亞·羅利茨，公元十五世紀的奧地利建築師。

好觀測星空的怪人；觀測星空是國家賦予的職責，而通常情況下，天文學家也都不是自由之身，他們往往身為宮廷官吏，而天文台也常常修築在宮牆之內。無疑，這種情況的利害是參半的，不過無論怎麼說，團體合作收集資料的傳統肯定深深植根在中國科學的沃土。於是，成群的出色計算學家和工具發明家緊緊圍繞在諸如八世紀時的一行、十一世紀時的沈括和十三世紀的郭守敬[19]這樣的偉大人物周圍。天文學領域的情況同樣適用於博物學家（譯注：指直接觀察自然界，尤其是動植物的學者。）的研究，因為大量藥典正是遵照皇帝的旨意編纂而成的。現實生活中，中國第一部欽定藥典是公元659年的《新修本草》，而西方第一部欽定藥典是公元1659年的 *Pharmacopoeia Londinensis*，整整遲了一千年。同時我們還知道有大批學者耗費二十年青春共同搜集資料，研究藥物和生物分類學，例如公元620至660年間以蘇敬為首的大批學者就是如此。從這一意義上說，踏着前人足跡繼續積累知識的中國中世紀科學家和歷史學家極為相似，因為史學家也需要集體協作才能編撰出我們早已熟悉的那幾部光耀後世的史學巨著。

我來引用幾位前人言論，好證實一下中國科學領域這一出人意料的情況。每一代學者都以前人奠定的自然界知識基礎為立足

---

[19] 郭守敬（公元1231–1316年），傑出天文學家、官員，精通水利與曆法。

點，同時也時刻關注自然界，以期通過實際觀測和實驗增添一些新知識，因此科學是經過日積月累才逐漸形成的。公元1671年，愛德華·伯納德(Edward Bernard)[20]寫道：「書籍與實驗相輔相成，一旦分開二者就會暴露出一條缺陷，因為古人辛苦研究之下已經不情願地預料到文盲問題，而著書人也常常捨棄科學而被傳說故事蒙住眼睛。」

中國文化以經驗主義主導

中國傳統文化中經驗主義思想始終鋒頭強勁。我很喜歡《慎子》中的一篇文章，文中講道：「歷朝歷代治水者用的都是築堤堵截的辦法；他們並未從大禹治水的事蹟中汲取經驗，而是在水災中汲取了教訓。」此書大約寫於公元三世紀。而在公元八世紀的著作中找到一本名叫《關尹子》的書，書上寫道：「善長挽弓射箭的人從弓箭上琢磨技術，而不是向射手后羿學藝。善思考者向自身學習，而不是向聖賢討教。」這種說法與《莊子》記載的有關製造車輪的工匠扁的故事有幾分相似，故事中扁告誡齊王不要只坐讀古書，而忽略親身體驗人性、掌握統治藝術，這就好比工匠應

[20] 愛德華·伯納德，公元十七世紀的英國作家。

當親自研究木料與金屬性質才能有收穫一樣。

這樣，就在儒家敬奉先賢、道家哀悼原始村落一去不復返的時候，愈來愈多人堅信真知實學已然誕生，並且必將繼續發展下去；只要人們認真觀察周圍事物，並且在他人觀察既得的可信知識基礎上更上一層樓，那麼知識的發展前景是難以估量的。「格物致知」——意思是只有研究客觀事物才能獲得知識。這一意味雋永的詞匯出於《大學》;《大學》很可能為孟子門生樂正克所著，大約在公元前260年問世，後來成為儒家經典名著之一。大家知道，格物致知這句話後來成為歷代中國博物學家和科學思想家高舉的標語口號。

在中國任何一個時代的文字資料中都可以找到可供引證的句子，足以證明科學的確是一項日積月累、無私合作才能成就的事業。後世常常引述孔融[21] (公元208年去世) 的一篇佳作，文中孔融認為與古代先賢的名言相比，智者的想法畢竟更適宜他的時代；為詳盡闡明自己的論點，他舉證了在磨麥和磨礦石的杵錘上安裝水車的例子。早在公元20年前後，桓譚[22] 就已排列出工業動力順次為人力、畜力、水力的順序；此舉的重大意義絕不下於前

21 孔融（公元153–208年），曾作官，著有《孔北海集》。

22 桓譚（約公元前40年至公元25年），著有《新論》，批評君王崇信預言。

文中我們談了多時的三大技術時代的排序。

公元604年，天文學和地球物理學領域的專家劉焯[23]上殿奏請重新測量太陽陰影的長度，建議用大地測量法鑑定子午弧數據。他言道：「如此天地固然無可遁形，太空天體也必將其相關數據全數獻上。我們將會超越前人造詣，對宇宙的一切疑惑必能一舉消除。懇請陛下不要崇信前朝的過時理論，對它理應棄置不用。」然而，皇帝陛下並未同意他的請求，於是直到下一個世紀劉焯的願望才得以實現。公元723到726年間，在一行和當時欽天監官員南宮說監督之下，跨地二千五百公里的子午弧測量工作轟轟烈烈地宣告結束了。勘測結果確與早年定論有出入，他們在測驗報告中表現出一種進步意識，即有關宇宙的陳舊觀念必須向先進的科學觀察低頭，即使先儒學者會因此蒙羞也在所不惜。公元十一世紀末期，科學應循序漸進的思想再次向古時改朝換代後必須更新一切迷信觀念發起了衝擊。一位新任宰相企圖破壞蘇頌製造的天文儀器水運儀象台。此舉無疑含有黨派紛爭的成分，幸而有兩位官場學者晁美叔和林子中挺身而出，拯救了這台他們無限仰慕、視作古往今來天文學一大進步的儀器。他們最終取得了

---

23 劉焯（公元554–610年），隋朝時在朝為官，在天文學研究中創立二次差內插法計算公式。

勝利，這座大鐘得以繼續「滴滴噠噠」地敲響，直至公元1126年大金國韃靼人攻陷宋國都城，國破之日大鐘終於喑啞了。水運儀象台被運至大金國都（即當代北京城附近）重新組裝。此後大鐘繼續工作了一、二十年，由於金國韃靼人之中無人能夠修繕此鐘，不久它永遠地停擺了。

每當談及這些天文鐘的時候，我們往往可以發現「前無古人，後無來者」這句話。例如，公元1354年，元末順帝妥懽帖睦爾親自監造了一架配有精巧起重裝置的水力機械鐘，介紹這架儀器的文字中就用到了這句話。事實表明中國學者非常清醒地意識到科技領域取得的新成就毫不遜於古代先哲的貢獻。在資料俱全之前，歐洲文藝復興以前的學者對知識技術進步是否也有同樣清醒的認識還有待了解。

中國的科技發展按部就班

西方的普遍看法是中國傳統文化一直停滯不前、毫無進展，但依據以上這些事實看來，這種認識根本屬於西方典型的錯誤認識。不過，如果改用內部穩定或按部就班這樣的措辭或許就公平得多，因為中國社會內部確實存在着某種力量不斷地試圖恢復其封建官僚主義特色的本來特徵，無論是歷經國內爭戰、外來侵略，還是來自發明創造的衝擊。目睹中國的技術革新一旦在歐洲大陸上落地生根，就給歐洲社會制度帶來了驚天動地的巨大變革，的確令人驚心動魄，然而相比之下中國社會卻幾乎全無變化。例如，我們曾在此前談到，西方世界推翻軍事貴族為首的封建社會、宣判封建堡壘的滅亡過程中，火藥的確勞苦功高；然而中國創造火藥的五百年來，文官當權的官場巍然不動、依然如舊。另一個極其顯著的例證就是馬靴上的馬蹬帶，西方得以開創封建社會可以說與這一發明息息相關；然而在它的故鄉中國，它從沒有引起社會秩序的混亂。我們還可以以冶鐵技術為例，中國比歐洲早一千三百年掌握這一技術。在中國，無論是戰爭年代，還是和平時期，鐵的冶煉技術都得廣泛應用；而歐洲卻把這一技術在鑄造大炮上發揮得淋漓盡致，我以前提到過，正是這些大炮轟塌了封建堡壘的銅牆鐵壁，此外工業革命時期它還被用來鑄造機器。

事實真相平淡無奇，正是由於中國科學技術堅持以緩慢的速度持續發展，故而西方文藝復興時期現代科學誕生之後，其進步速度大大超越了中國。據說，最行之有效的發現方法本身就是在文藝復興時期、伽利略生活的時代發現的，依我看這種說法再確切不過了。當時用數學方法處理了大量有關自然界的假想問題，並不斷求助於科學實驗來驗證這些假想。而我們應當意識到的重要事實在於儘管中國社會穩定、善於內部調節，但科技進步的思想、時代變革的思想畢竟還是產生了。因此，無論保守勢力多麼強悍，當時機成熟時，就比如今天這個時代，阻礙現代自然科學技術發展的意識形態勢必蕩然無存。

基督教對時間問題的看法

最後，我們來談談本次話題中最重大的問題：即如果中國特有的時間概念和歷史概念與歐洲相關思想之間確實存在差異的話，那麼這些不同點之間是否也存在甚麼必然聯繫呢？是否當代科學技術果真拖延到這麼晚的時代才得以興起嗎？許多哲學家和作家論點有二：其一，假設在各類文化中以基督教文化最熱衷於研究歷史；其二，認為文藝復興時期和科技革命時期的意識形態有利於當代自然科學不斷發展。

西方歷史哲學家早已把第一條論斷當作自己思考的出發點，對它格外熟悉了。基督教與其他宗教不同的是它與時間之間有一條牢不可破的紐帶關係，道成肉身（譯注：基督教認為基督是三位一體中的第二位，即聖子，他在世界尚未創造出來之時就與上帝聖父同在；因世人犯罪無法自救，上帝乃差遣他來到世間，通過童貞女瑪麗亞肉身成人。）的故事就發生在某一特定時間，而這一故事對整個歷史發展都具有重大意義，並且塑造了西方歷史格局。然而，基督教的根源來自於以色列文化，以色列擁有自己的偉大先知的傳說，這一文化傳統中時間同樣具有實際意義，並且成為蘊育歷史真實變遷的營養液。依據史實記載的時間來看，或許第一個重視時間的價值，第一個目睹神靈顯聖的西方民族就是猶太人了。在基督徒看來，歷史是圍繞一個時間中心，即史實中的耶穌基督的一生展開的；歷史從創世開始記載，而從上帝與亞伯拉罕訂立約定，最後結局是耶穌第二次降臨凡塵，領導世人度過千年盛世後世界終結。

早期基督教教義中根本不知有永恆不朽的神靈，不知道上帝「現在、過去、未來」與人同在(就是正統派祈禱書中那句鏗鏘有力的禱告詞“aiōnōntōn aiōnōn”，意思是永遠永遠)，不知道上帝連續不斷、拯救世人的時間歷程，更不知道上帝救世的具體計劃。以早期基督教世界觀來看，循環往復、永無止境的「現在」永遠獨一無二、空前絕後、具有決定性意義；展現在「現在」面前的是「未來」，未來可能也勢必受到人為因素的影響，人類施諸永往直前、意義重大的整體歷史進程的影響或許是推動作用，也許是扼制作用。於是決定了歷史的一大社會效益——將凡夫俗子奉為神靈。神是意義與價值的化身，正如上帝也具有人類天性，他的死具有典型的獻身精神。換句話說，世界歷史進程就是在唯一一座戲劇舞台上上演的一幕永遠沒有重複表演的絕世佳作。

希臘與印度的輪迴思想

人們習慣於把這一觀點與希臘和羅馬的思想放在一起一板一眼地對比，其中希臘文化中以輪迴思想為主，故而與基督教觀點的差異也格外鮮明。赫西奧德(Hesiod)的長詩中寫道，次第登場的各個時代內容彼此雷同，而現已確認得自畢達哥拉斯(Pythagoras)[24] 親傳的少有的幾條思想之一就是希臘人的輪迴永生思想。古希臘文化末期，斯多葛學派宣揚世界分成四大時段，馬可．奧勒利烏斯(Marcus Aurelius)[25] 宣揚宿命論思想。亞里士多德本人和柏拉圖也往往這樣推測：文理各學科都曾多次經歷過由盛而衰的過程，於是時光倒流回到歷史的起點，世間萬物也都還原成最初的模樣。當然這些思想也常常與天文觀測與計算中的長距離回歸問題結成一體。而後才有了大年(譯注：大年〔Great Year〕，天文學術語，指春分點沿黃道運動一整週的週期，約為25,800年。)之說，此說很可能出自巴比倫。

這樣一來，在循環輪迴思想指導下，再沒有新鮮事物了，因為未來已是定數，現在的事也不是獨一無二的，所有時間都是過

---

[24] 畢達哥拉斯，公元前六世紀的希臘思想家，建立了自己的哲學流派，研究數字、和諧和天體秩序問題，有一條幾何定理即以他的名字命名。

[25] 馬可．奧勒利烏斯，斯多葛派主要代表人物，羅馬皇帝，生於公元121年，卒於公元180年，著有《自省錄》(*Meditations*)兩卷，宣揚以寧靜心態面對命運。

去：「已有的事，後必再有。已行的事，後必再行。日光之下並無新事。」因此超度靈魂只能看作逃避當時社會的舉動；而希臘人為幾何推導過程永恆不變的格式心醉神迷，柏拉圖主義理論最終成形，以及「神秘宗教信仰」的問世或許都有部分原因源於輪迴思想吧。

剛從現實生活的車輪週而復始的旋轉中解脱出來，我們立即就回憶起佛教與印度教的世界觀。就這一方面而言，印度教教義似乎的確與非基督教文化的希臘傳統思想極為相似。一千摩訶育伽（據估計約合40億年）合一個婆羅賀摩日，即一劫（譯注：古印度傳説中世界經歷幾萬年後會毀滅一次，而後一切重新再生，這一週期稱為一劫），晨曦初露時萬物重新創生、發育成長，日落時萬物消溶，再次被世界吸納，所有生靈都歸於永恆。

每一劫的昌盛與衰亡都會產生循環不止的神話故事。有神靈與巨人（即印度教主神之一的毗瑟拏）交替取勝的故事，有翻江倒海尋覓長生不死藥的故事，還有史詩《羅摩衍那》[26] 和《摩訶婆羅多》[27] 當中記述的故事。此後，就像《本生經》[28] 中記載的那樣，佛陀化身無數，於是也演化出難以計數的傳説。實際上，印度哲學

[26] 《羅摩衍那》，印度古代兩大梵文史詩之一，相傳成於公元前五世紀。
[27] 《摩訶婆羅多》，另一部印度梵文史詩。
[28] 《本生經》，音譯為《闍陀伽》，述佛陀前生的功德故事。

思想中似乎從未產生過堪稱史無前例的觀念，其結果是，大家普遍認同各個傑出文明之中以印度文明最缺乏歷史意識。希臘與古希臘文明從未受到以色列文明的影響，因而只有很少人敢於打破盛行於世的輪迴思想的牢籠，例如歷史學家希羅多德(Herodotus)[29]和修塞迪德斯(Thucydides)，[30]他們也只能擺脫一部分束縛而已。當然在印度有養家職責的戶主與庄稼漢已經利用自己的智慧大幅度刪改了盛行於當時的悲觀主義世界觀，他們實則自成一套斯多葛學派理論，至少為普通人的社會生活贏得了一點高尚地位。

時間意義與空間價值

那位定居紐約的傑出神學家保羅·田立克(Paul Tillich)[31]用精闢得有如警句一般的語言將這兩大類世界觀的特色一併闡述了出來。在印度—希臘文明中，空間概念超越了時間概念，因為時間循環往復、無休無止，故而暫時性的世界遠不及永恆的世界那樣真實，因此也就沒有多少價值。只有透過轉化過程的簾幕才能

---

[29] 希羅多德(公元前480–425年)，希臘歷史學家、地理學家。

[30] 修塞迪德斯(公元前460–400年)，希臘歷史學家。

[31] 保羅·田立克，德裔美籍基督教神學家、哲學家。

尋覓到存在；救贖自心只有自己才能完成(最佳例證就是自己解救自己靈魂的菩提祖師)，靠群體力量是救不了自己的。世上各個時代一個接一個地消亡，因而最合宜的宗教既不是多神崇拜，也不是泛神論。這樣的宗教信仰只關注當世利益，卻不敢放眼未來，只圖在永恆之中尋找不朽的價值，實質上是悲觀主義思想。猶太—基督教文明恰恰與之相反，時間意義勝過空間價值：他們認為時間的推移目的明確、意義深遠，它目睹了善惡勢力雙方曠日持久的鬥爭(此時波斯也加入以色列和基督教文明的行列中來)，鬥爭中善良一方必定取得勝利，故而從本體論角度上說暫時性世界是善良的。真正的存在正在形成，而拯救心靈目的在於整個人類群體走上歷史舞台。世界紀元以某一定點為核心，由此確定了整個人類歷史的意義；這一時代紀元可以戰勝一切自我毀滅傾向，創造出不會因時光流逝而灰飛煙滅的全新事物。由此說來，最合乎現實需要的宗教是單一神論，上帝隻手擎天，主宰着時間與世上發生的一切。這種信仰蔑視現實生活中的一切，似乎只關心理想社會，但它還可以補救，並非完全虛幻、不現實。希望踏上上帝的樂土就必須信奉這一宗教。因此，它絕對是樂觀主義思想。

基督教教義對歷史有極清醒的意識，這一點我認為可以接受。第二條論點看上去可能與歷史哲學家有某種關聯，卻不像是由這些學者親自提出來的。第二條論點説明文藝復興時期這種對歷史的清醒認識直接有助於現代科技的興起，因此也成為解釋現代科技振興的因素之一。如果它確能解釋歐洲科技發展的根源，那麼假如其他文化缺乏(或者假定缺乏)對歷史的認識，就足以闡釋何以這些文化中見不到科學革命的蹤影了。

時間對科學思考的重要性

毋庸置疑，時間是一切科學思考的基本參數——佔宇宙自然界的一半，恐怕還要佔所有常識的四分之一——因此慣於貶低時間價值的作法不利於自然科學研究。絕不能把時間當作虛幻不實的事物不聞不問，也不能和永恆存在的事物相比之後就輕視它的價值。時間是產生一切自然知識的根源，無論這些知識是基於各時代的觀察還是基於實驗得來的，因為前者涉及大自然統一性，而後者肯定需要一段時間，實驗中大家勢必盡己所能精確地控制時間。

堅信時間是實實在在的就能賦予你鑑別事物之間因果關係的能力，而這種洞察力是研究科學的基本能力。猶太—基督教文明認為時間是永往直前的，而印度—希臘文明則堅信時間是循環往復的；我們知道如果實驗週期過長，實驗人員就幾乎意識不到時間週期的存在，因此何以前者比後者更偏愛時間的真實性就不是一眼可以看穿的了。不過說起來，輪迴理論實則只有損於日積月累、永無止境的自然知識中的心理學問題；持續不斷地積累自然知識是歷代能工巧匠的理想，但直到皇家學會及會中名家學者手中才真正結出累累碩果。如果人類為科學付出的心血注定會付諸東流，日復一日、千秋萬載都只不過糾纏在無窮無盡的辛苦之中，那麼人們肯定寧願參禪打坐、修習斯多葛派的超脱思想，激進地逃避勞苦，也不願陪着同事日以繼夜地在一座海底火山口上盲目地堆砌礁石，把自己累得筋疲力盡。

當然心理的力量不會永遠在這一方面遭到削弱，否則亞里士多德也不必千辛萬苦地研究動物學了。然而，我們有理由相信(與希臘人強調個人主義不同的是)，用句社會學術語來説，科技革命的精神實質的一部分就在於同心同德，戮力合作；科技革命大大扼制了盛行一時的時間輪迴思想，它真正的理論環境顯然正是線性時間理論。

線性時間概念

從社會學角度分析，線性時間的概念還有另一種表現。致力於教會和政權從根本到細節全方位改革的人們可以從中大大增強信心，從而不僅創生了新型科學（即實驗科學），而且塑造了帝國主義新秩序。那麼難道早期商人就不能和改革者一樣堅信社會必將採取斷然措施，巨大變革在所難免嗎？當然，線性時間概念不可能是促成社會變革的基礎經濟條件，但它很可能成為促進改革歷程順利進行的心理因素。變革本身也具有神聖不可侵犯的權威性，因為畢竟新約已然替代了舊約，而各項預言也紛紛應驗了；隨着改革的蓬勃發展，有多納圖派（Donatists）[32]至胡斯派（Hussites）[33]的諸多宗教改革傳統為後盾，人們又開始漫無邊際地幻想建設人間天堂了。

週而復始的時間觀念裏絕對談不到世界末日。無論科技革命如何嚴肅、不容誇張，如何受到親王的保護，都必然和這些看法息息相關。公元1661年，約瑟夫·格蘭維爾（Joseph Glanville）[34]寫道：「老話講：以前沒人説過的話現在還是沒有人説。這句令人心灰意冷的格言着實出乎我的預料。我不可能忠心耿耿地信奉所羅門的旨意；近年來我們已經親眼目睹了古人從未見到過的現象，那可不是幻夢啊！」歷史上的過去不再完美，書籍與古代作

---

32 多納圖派，公元311年北非興起的基督教派別，具有社會主義特色。

33 胡斯派，波西米亞牧師、基督教社會主義者約翰·胡斯（John Hus）的追隨者，胡斯生於公元1373年，公元1415年在康斯坦斯被當作異教徒受火刑而死。

34 約瑟夫·格蘭維爾（公元1636–1680年），反對經院哲學的英國思想家。

家都被束之高閣，人們不再整理蛛網般紛亂的思緒，而是着手利用新型實驗技術和數學假想探索大自然的真諦，因為此時發現方法本身已然被人類發現了。

千百年既往，線性時間的概念一如既往，甚至更加深刻地影響着當代自然科學研究，因為人們發現星際宇宙本身也有自己的歷史，於是宇宙進化論被用作了生物學和社會進化論的理論依據。啟蒙主義者堅信人類還在進步發展。故而把猶太—基督教文化中的時間概念用到了世俗事物中。雖然今天的人文主義學者、馬克思主義者與神學家之間的爭論披着不同色彩的外衣，但在印度人眼中，這些外衣其實毫無二致，從裏到外早已破爛不堪。

線性時間與輪迴思想的對壘

談到此處，恰好引到中國文明的位置問題上。時間呈線性延展、永往直前的概念和輪迴往復、永無休止的神話兩軍對壘的陣式中，中國文明究竟站在哪一座陣營裏呢？無可置疑兩種論點成分兼容並包，不過以我之見，廣義而言還是以線性理論為主(儘管從另一角度看去又有不同結論)。當然，即使在歐洲文化領域中，時間的概念同樣是二者的混合體；因為雖然佔主導地位的是猶太—基督教文明的論點，但印度—希臘文明的觀點也從未消聲匿。我們可以看到，當代學者施本格勒(Spengler)的史學觀點就是這種「二合一」產物；歷史其實一直如此。奧雷留斯．奧古斯都(Aurelius Augustinus)(即聖奧古斯都，Saint Augustine)在《聖城》(*The City of God*)一書中闡述了以時間單向延續為基礎的基督教理論體系，並撰寫了基督教歷史，而亞歷山大的革利免(Clement of Alexandria)、[35] 米紐科斯．菲利克斯(Minucius Felix)[36] 和亞諾比斯(Arnobius)[37] 都更偏愛像「大年」那樣的星際循環理論。不過歐洲史上它們的意義並不重大，我也就毋須另外舉例説明了。

中國情形大抵相同。道家早期哲學思考裏當然以時間的循環思想最為突出，而在道家後期思想中主要表現在循環報應的日期上，新儒家思想中表現在認為世界週期性的混沌之後宇宙、生物、社會都會更新重塑。道教後期思想與新儒家思想無疑深受印度佛教的影響，隨着佛教傳入中國，中國人也開始對摩訶宇迦、劫和千劫之類的説法津津樂道起來。但早期道家哲學並未受它影響，其哲學思想中也的確找不到這類高深道理的影子。相反，我們見到的是充滿詩情畫意的遁世思想，它是在接受了四季更迭、

---

[35] 亞歷山大的革利免，約生活於公元150–215年，教會神父，以利用希臘文化與哲學闡釋基督教義而著稱。

[36] 米紐科斯．菲利克斯，公元二世紀或三世紀的非洲神學家。

[37] 亞諾比斯，約生活於公元330年，非洲基督教辯護者。

生命有限的現實基礎上產生的態度。但他們全都忽略了兩大因素，其一是古往今來中國百姓人數眾多，其二是儒士充斥官場，在參拜宇宙或大自然的古老儀式中輔佐君王，並且指掌欽天監和皇史宬。

線性時間概念與中國文化的關係

百多年來，中國文化對時間線性概念的清醒認識以及史學記載方面取得的非凡成就一直為漢學家稱許；或許各國的史學成就中以中國的成就最為卓越。於是，德克・博德(Derk Bodde)[38]在一篇有趣的論文中寫道：

> 中國人極其關注人類事件，與此大有關聯的就是中國對時間的感知，他們認為人類事件都應當嵌入時間框架。其結果是大量史學著作構成了一個不可分割的整體，記載了跨越三千年的歷史。歷史具有顯著的指導作用，因為讀史可以鑑今，人們就會認識到今天和未來應當如何立身……中國人對時間概念的清醒認識是他們和印度人之間又一項顯著差別。

[38] 德克・博德，賓夕法尼亞大學退休漢語教授，我們的合作者之一，出於理智和社會職責加入了《中國之科學與文明》的編纂工作。

博德對中國偉大歷史學傳統的評述還是相當中肯的；中國歷史將「仁義」二字視作人類歷史的化身，因此竭力記載有關仁義的具體事件。「仁義之道是輔助朝廷統治的。」有了這番先入之見，對仁義二字的褒貶就難免帶有些許局限，言語之間更是缺乏活力；但仁義之道的確是佛教信仰中業果報應（譯注：業，音譯為「羯摩」，佛教術語，稱身、口、意三方面的活動為業，認為業發生後不會消除，必將引起今生或來世的因果報應。）之說以外統治思想的最高境界了。可以斷言的是，社會惡果必由社會惡行而起，結果或許是昏憒邪惡的統治者本人身敗名裂，但災禍也可能（或許只不過是）降臨到他的家人或王朝頭上；無論如何災難總是在所難免。今生善惡，來世報應，投胎轉世之後再行賞罰的制度傳自海外。因為儒家歷史學家更關注整個社會，而不是某一個人的因果報應。假如他們的觀念裏沒有線性時間觀念，那麼他們居然具有這種歷史意識，像蜜蜂一樣辛苦勞作就着實令人難解。同時，華夏文化史就絕不會遺漏社會進化理論，富於創造力的文化大師開創的各個技術時代，以及對人類純科學和應用科學日積月累、不斷發展的評論了。

猶太—基督教文明將時間流逝解釋為某一特定空間發生過具有世界意義的重大事件。最終人們很可能輕易高估這種解釋。中國史學思考中，公元前221年秦始皇統一中國永遠都是令人無時或忘的焦點問題，最關鍵的原因在於政教合一，於是沒有爆發皇權神權之爭。如果大家希望了解更具精神影響的事例，我們勢必提到萬世宗師孔聖人，是他制定了中國倫理——道，作為一位無冕之王，他的深遠影響一直延續至今，他的歷史地位至少與西方或中東地區的道德和宗教祖師們並駕齊驅。以我在這裏提出的例證而言，無法證實儒家觀念實質上很落後。孔子在世時，他的「道」並沒有付諸實施，然而他堅信一旦大道施行，當地的百姓就會過上和平安逸的生活。這一信念比基督教教義更注重現實世界，因為嚴格地講，所謂「天道」並不是超現實的「道」；一旦這一信念與道家原始主義蘊含的革命思想結合在一起，將未來世界塑造為太平大同之世的夢想就開始施展迷人的魅力了。這是人力可為的夢想，世人確實為此奮鬥了千百年。保羅·田立克寫道：「當世是過去的必然結果，但絕非未來的預言。中國作品中對過去的記載細緻入微，但從不記述對未來的展望。」還是那句話，歐洲人對中國文化知之甚少的時候最好不要妄下結論。中國文化關注世界未來，幾乎像期待救世主一樣狂熱；它時常取得進展，遵循自己的軌跡前進；它的時間觀念當然是線性時間——所有這些從殷商時代開始自然而然、獨立自主地蘊育成形，已歷千年。儘管中國人對宇宙循環和塵世輪迴也有大量發現和想像，但在儒家學者和道家農夫心中還是以線性時間觀念最有分量。

中國文化總體而言更具伊朗文化、猶太—基督教文化的特色，印度—希臘文化特色反居其次，在那些滿腦子「不朽的東方」的人看來似乎太不可思議了。於是心頭湧起這樣的結論：儘管文藝復興之前的一千五百年裏中國文化遠遠超越了西歐文明，但她卻未能像西歐一樣自然而然地蘊育出當代自然科學；但即使如此，它與中國人的時間觀念也毫不相干。除了公開承擔了絕大部分解釋任務重擔的精確的地理、社會和經濟因素之外，還有其他意識形態方面的因素有待徹底研究。

附錄　中國古代朝代一覽表

夏（據神話記載）		公元前2000–1520年
商（殷）		公元前1520–1030年
周	周朝早期	公元前1030–722年
	春秋	公元前722–480年
	戰國	公元前480–221年
首次統一		
秦		公元前221–207年
漢	前漢（西漢）	公元前202–公元9年
	王莽新朝	公元9–23年
	後漢（東漢）	公元25–220年
首次割據		
三國鼎立		公元221–265年
	蜀（漢）	公元221–264年
	魏	公元220–265年
	吳	公元222–280年

第二次統一

晉	西晉	公元265–317年
	東晉	公元317–420年
劉宋		公元420–479年

第二次割據

南北朝時期

齊		公元479–502年
梁		公元502–557年
陳		公元557–589年
魏	北魏	公元386–535年
	西魏	公元535–556年
	東魏	公元534–550年
北齊		公元550–577年
北周		公元557–581年

第三次統一

隋	公元581–618年
唐	公元618–906年

第三次割據

五代(後梁、後唐、後晉、後漢、後周)	公元907–960年
遼	公元907–1124年
西遼	公元1124–1211年
西夏	公元986–1227年

第四次統一

宋	北宋	公元960–1126年
	南宋	公元1127–1279年
	金	公元1115–1234年
元		公元1260–1368年
明		公元1368–1644年
清		公元1644–1911年